물구나무 선 발전소

물구나무 선 발전소

2018년 6월 08일 초판 1쇄 인쇄
2018년 6월 22일 초판 1쇄 발행

지은이 : 김성철
펴낸이 : 최정식
진 행 : 인포더북스 출판기획팀

펴낸곳 : 인포더북스
홈페이지 : www.infothebooks.com
주 소 : (121-708) 서울시 마포구 마포대로 25 신한디엠빌딩 13층
전 화 : (02) 719-6931
팩 스 : (02) 715-8245
등 록 : 제10-1691호

표지 내지디자인 : 나은경

Copyrights © 김성철, 2018, Printed in Seoul, Korea
본 도서는 저작권법에 의해 보호를 받는 저작물이므로 내용을 무단으로 복사, 복제, 전제 및 발췌하는 행위는 저작권법에 저촉되며, 민형사상의 처벌을 받게 됩니다.

정가 23,000원
978-89-94567-86-0 (13560)

물구나무 선 발전소

김 성 철 지음

· Contents
물구나무 선 발전소

01 물구나무 선 발전소
1. 수요 쪽에서 해결하라	15
2. 에너지 효율, 형광등 40W가 32W로	17
3. 수요반응, 당근과 채찍	23
4. 물구나무 선 발전소	27

02 전기파는 가게
1. 시장가서 전기 좀 사올게	34
2. 거울아, 내일 전기를 얼마나 쓸지 알려줘	37
3. 쓰지도 않는 발전기에 왜 돈을 줘?	46
4. 배추와 전기가 다른 점	53
5. 나는 밤에 세탁기를 돌린다	57

03 수요자원시장과 수요관리사업자
1. 인사동에 있는 수요관리프로그램	64
2. 봉이 김선달! 봉이 김선달?	67

3. 믿고 맡기는 신뢰성 수요관리	**75**
4. 줄일 전기를 매일 내다파는 경제성 수요관리	**93**
5. 기본자격, 입학시험 그리고 중간 시험	**97**
6. 진화해가는 수요자원 그리고 시장	**101**

04 마이너스 전기생산

1. 패턴을 조정하는 공장들	**120**
2. 패턴을 조정하는 건물들	**142**
3. 부하제어 참여사례	**166**

05 전기요금과 수요반응

1. 많이사면 더 비싼 이상한 전기나라	**172**
2. AMI라는 저울에 달아 사는 파는 전기	**173**
3. 시간에 따라 달라지는 사용량요금	**188**
4. 골리앗 보조배터리	**203**
5. SAVE AT 2PM	**209**

06 진짜 가상 발전소(VPP)

1. 소규모 분산자원 거래시장	**219**
2. 에너지효율향상 의무화제도 　(EERS : Energy Efficiency Resource Standard)	**227**
3. 국민DR	**233**

07 에너지 빅데이터

1. 빅데이터로 본 에너지동네	**244**
2. 최적데이터와 빅데이터	**248**
3. 명탐정 셜록홈즈	**251**
4. 데이터, 거인의 어깨에 올라타라	**254**
5. 에너지프로슈머	**256**
6. 책을 덮으며	**259**

· Prologue

'골든타임'의 사전적 의미는 방송에서 시청률이 가장 높아 광고비도 가장 비싼 방송시간대를 말한다. 그러나 최근에는 이보다 다르게 많이 쓰였다. 심장마비가 발생해서 4분후면 뇌세포가 영구적으로 손상되어 사망에 이르며 1분 이내 심폐소생술을 하면 생존율이 97%라고 한다. 4분이 골든타임이다. 뇌출혈의 골든타임은 3시간이라고 말한다.

전기에도 골든타임이 있다. 국가가 블랙아웃의 위기에 처했을 때의 골든타임은 어떤가? 자칫 이 시간을 놓쳐버리면 돌이킬 수 없는 일이 벌어진다. 어떻게 심폐소생술을 할 수 있나? 바로 서서 생각해서는 답이 잘 나오지 않는다. 물구나무서서 보면 쉽게 답이 나온다. 새로운 발전소가 보이기 때문이다. 바로 물구나무 선 발전소다.

수요관리에 몸담은 지 오래되었다. 처음에는 어찌하다보니 내 직업이 되었다. 그런데 하면 할수록 매력적이고 무궁무진하다. 수요자원시장을 기획하고 개설하고 사업에 참여하고 활성화시키면서 시간이 어떻게 갔는지 모르겠다. 아시아 최초의 시장으로 시작했다. 8차 전력수급기본계획에 정식으로 들어갔다. 물론 아시다시피 풀어야 할 숙제도 많다. 양질의 자원이 인정받는 시장제도 안정화와 데이터 기반의 포트폴리오 기술로 사업을 고도화해야 한다. 그럴 때 진정 발전기 이상의 제 역할을 꾸준히 할 수 있을 것이다.

최근에는 그동안 늘 하고 싶었던 요금제 기반의 수요관리를 시작하였다. 공장 중심의 고객에서 일반 소비자 대상의 오픈 시장으로 나오니 생소하긴 하다. 그런데 들여다보니 더 다이내믹하고 재미있다. 눈에 보이는 아파트가 데이터고 점포가 데이터고 가정이 데이터다. 고객의 요금을 줄이려다 보니 계통도 좋아할 일이었고 더 멋진 요금제도 떠올랐다. 스마트한 또 다른 수요반응이 새로운 시장을 만들어내고 신규 사업자들의 보람과 수익을 가져다 줄 것 같다.

남이 아직 시작하지 않은 새로운 일은 항상 재미있다. 물구나무서서 보니 모든 전기소비자가 에너지프로슈머로 보이고 발전소로 보인다. 전기의 골든타임은 물구나무 선 발전소의 몫이다. 물구나무서서 보니 안 보이는 것도 보인다. 이러다가 평생 물구나무만 서 있는 건 아닌지 모르겠다.

김 성 철

· Recommendation

"물구나무 선 발전소"란 제목만 봐도 저자가 이 책에서 무엇을 이야기하려고 하는지 짐작할 수 있다. 언뜻 보면 이해하기 어렵다고 느낄 수도 있겠지만 저자의 현장 경험과 재미있는 생각들을 나열하고 쉽게 풀고 있다. 무엇보다 전기에너지 활용에 대한 발상의 전환을 주장하고 있다.

에너지는 원시·수렵사회에서는 불의 발견으로 열에너지를 이용했고 초기 농업사회에서는 소·말과 같은 짐승의 힘을, 고도 농업 사회에서는 수력풍력 등의 자연의 힘과 짐승의 힘을 이용하여 농업을 발전시켜 왔다.
제1차 산업혁명시대에는 증기기관의 발명으로 열에너지를 기계에너지로 변환한 동력기계가 출현하여 석탄을 이용한 제어 가능한 대량 생산이 가능해졌다. 제2차 산업혁명시대에서는 전기에너지의 이용으로 기술 산업 사회를 이끌어 왔다. 르네상스에 기인한 근대과학의 산물이며 전자기 현상의 제 법칙을 근거로 다양한 전기에너지 이용기술, 전기기계, 전력공학, 조명, 전열 분야가 발전하였고 전기신호를 이용하는 통신, 정보처리 등의 새로운 응용분야로 확장되었다. 제3차 산업혁명시대의 컴퓨터의 출현과 정보혁명 및 자동화 기술의 급진

전으로 에너지의 생산, 수송, 저장 및 이용까지 토털시스템의 구현으로 Green System을 이룩할 수 있었다. 요즈음 제4차 산업혁명시대에 와서는 기술과 기술의 융합, 기술과 경영의 융합 등을 비롯하여 온라인과 오프라인의 결합으로 에너지를 생산에서 소비에 이르기까지 Total System이 가능하며, 쌍방향의 에너지 시스템 제어 및 관리가 가능하게 되어 소비자의 욕구는 물론 전기에너지가 지니고 있는 특질을 맘껏 활용하는 시대를 맞게 되었다.

전기에너지는 첫째, 타 에너지로의 상호변환이 용이하여 타 에너지에서 전기에너지(발전, 수송)는 물론 전기에너지로부터 기타 에너지로의 변환(전기의 이용)이 쉽고 다양한 수요 목적으로 이용이 가능하며 둘째, 에너지 제어가 쉽고 전압, 전류, 주파수, 파형 등의 변환, 제어 및 계측이 쉽게 실현 가능하다는 점 셋째, 대용량 고밀도의 에너지 수송(송전)과 동시에 쉽게 에너지 배분(배전)이 가능하며, 넷째, 오염이 없는 Green Energy이며 다섯째, 절연 및 보호에 의해 안전하게 활용 가능하며 전 에너지 시스템에 지능정보기술을 적용하여 고도의 제어와 운용이 가능한 5가지의 특질을 지니고 있어 스마트시대에 적합한 에너지임이 틀림없다.

저자의 책에는 4차 산업혁명의 시대, 지능정보사회에서 핵심적인 전기에너지를 올바르게 이해하게 하고 활용하게 하는 유익하고 흥미로운 이야기들이 들어있다. 시대를 앞서가는 독자 여러분들께 적극 추천한다.

동국대학교 석좌교수 백수현 (前 대한전기학회 회장, 前 한국표준협회 회장)

01
물구나무 선
발전소

1. 수요 쪽에서 해결하라
2. 에너지 효율, 형광등 40W가 32W로
3. 수요반응, 당근과 채찍
4. 물구나무 선 발전소

│ 물구나무 선 발전소 │

여러분이 어떤 마을의 전기를 관리하고 있다고 치자. 주민들이 전기사용에 불편함이 없도록 하고 있다. 빈 공터에 큰 주택이 들어섰다. 전기를 쓰겠다고 한다. 이미 빠듯하게 전기를 공급하는 입장에서 곤란한 상황이다. 어떻게 하지? 두 가지 방법이 있다.

먼저는 공급관리다. 발전기를 장만해야 하겠다. 여윳돈도 없는데. 저 주택에 딱 맞는 발전기가 있지도 않고. 국가단위의 공급관리도 마찬가지이다. 전기를 쓰겠다는 사람은 해마다 늘어가고 있다. 연평균 전력 수요는 2.5%가량 증가하고 있다. 발전소를 계속 지을 수도 없다. 발전소 건설비용이 60~100조 가량 된다고 한다. 가격도 가격이지만 장소도 없다. 발전소 건설의 입지문제, 고유가 문제, 에너지 고갈문제, 원자력발전의 위험성에 대한 반대문제, 온실가스 배출과 같은 환경문제 등 공급관리의 한계에 봉착해 있다. 어찌어찌해서 발전소는 지었다고 치자. 전기를 열심히 만들었는데 보낼 방법이 또 문제다. 요사이 배달의 민족이니 쿠팡이니 택배문화가 잘 되어 있다. 그런데 전기는 배달의 민족이나 쿠팡에게 이야기해서 박스포장에서 보낼 수가 없다. 높은 송전철탑을 세워서 보내야 한다. 밀양송전탑처럼 여러 어려움들로 마구잡이로 세울 수도 없다. 공급관리에 한계가 있음을 절감한다.
그러면 대안이 무엇인가? 공급의 반대는 수요다. 수요관리에서 답을 찾아보자.

1. 수요 쪽에서 해결하라

공급관리는 공급 측에서 뭔가의 노력을 해서 관리하는 것이다. 그렇다면 수요관리는 수요 측, 그러니까 사용자측에서 뭔가 노력을 해서 관리한다는 것 일텐데. 그게 가능할까? 전기를 쓰지 말라고 압박을 가하는 것일까?

수요관리라는 말은 Demand side Management로 수요측관리이다. 원래 교통에서 먼저 나왔다고 한다. 교통수요관리? 출퇴근시간에 도로가 번잡하고 대중교통의 수요를 창출하며 도로혼잡을 해소하는 노력. 길이 막혀서 고가도로를 놓든지 차선을 넓히든 일방통행으로 진행방향을 새롭게 구성하는 노력. 늘 차가 막히는 상습정체구간에 차량이 부제를 실시한다든지 통행료를 부과하는 것이다. 그러나 최근 포털 사이트에서 수요관리를 검색하면 에너지수요관리에 대한 정보만 검색된다. 에너지가 교통의 용어를 빼앗았다고 할 수 있을까? 수요관리의 방법은 두 가지로 나뉜다. 에너지효율향상(Energy Efficiency)과 수요반응(Demand Response)이다.

먼저 에너지 효율향상이다. 에너지 효율향상은 에너지 소비설비를 고효율로 교체하는 사업이라 생각하면 된다. 설비성능이 효율화된 것이지, 설비의 목적인 쾌적성의 저하는 없다. 오히려 동등 이상이다. 그러면서 효율이 높아지니 전기가 덜 든다. 예를 들어 LED, 고효율 인버터, 고효율 냉동기, 고효율 전동기, 프리미엄 전동기 등이 있다. 적은 소비전력으로 잘 밝히고 잘 제어하고 잘 냉방하고 잘 돌린다.

고효율을 위한 기술개발과 상대적 고가의 자재를 사용하기 때문에 그만큼 가격은 비싸다. 그래서 한국에너지공단이나 한국전력에서 일정 금액을 지원해준다. 빌려주고 나중에 돌려받는 것이 아닌 순수한 지원금이다. 수요 측에서 관리하여 전기를 덜 먹게 하였으니 그만큼의 발전소를 짓지 않아도 된다. 공급관리의 어려움을 수요 측에서 해결하는 가장 깔끔한 방법이다.

다음은 수요반응이다. 수요반응은 수요측관리의 또 다른 방법이다. Demand Response, 즉 어떤 신호와 타이밍에 의해 반응하는 것이다. 사실 공급측 관리도 결국 타이밍의 문제이다. 1년 내내 문제가 되는 것이 아니라 어느 순간이 문제가 된다. 그런 순간들 때문에 발전소를 지어야 했던 것이다. 수요반응은 그런 상황 전에 수요측의 반응을 통해 문제를 해결하는 것이다. 필요한 때 골든타임을 놓치지 않고 대응하는 방법이다. 수요반응은 인센티브 기반과 요금기반으로 나뉜다.

예를 들어 순환정전과 같은 상황이 급히 예상되거나 갑작스럽게 벌어질 때 전기사용자가 전기를 감축하거나 다른 시간으로 옮기도록 한다. 이를 통해 공급 위기를 해소한다. 그리고 인센티브 지원금을 지급한다. 인센티브 기반의 수요반응은 다음 그림과 같이 지정기간, 주간예고 등의 한국전력 프로그램과 전력거래소가 진행한 지능형DR 등이 있었으며 현재는 수요반응자원거래시장으로 통합되었다. 요금기반의 수요반응은 무엇인가? 공급측의 문제가 생길 것으로 늘 예상되는 시간대의 요금을 높게 책정하는 것이다. 그래서 전기사용량이 많은 대형공장들은 그 시간의 조업을 조정해서 비교적 요금이 싼 다른 시간에 작업한다. 7, 8, 9월과 12, 1, 2월 15분 피크를 통한 기본요금 수요반응이 있고 TOU(계시별), CPP(첨두)요금제를 통한 사용량요금 수요반응이 있다.

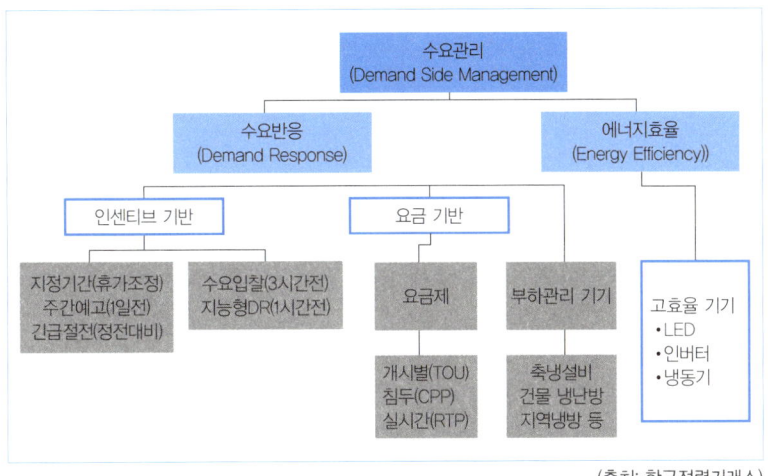

[그림1-1] 수요관리 구조도 (출처: 한국전력)

2. 에너지 효율향상, 형광등 40W가 32W로

가정집이나 사무실 형광등이 몇W일까? 눈을 감고 오래 전을 회상해 보시면 두꺼운 형광등이 기억나실 것이다. 40와트. 두등이 함께 있는 2등용이니 80와트. 이미 생산이 안된지 10년이 지났는데도 시골에 가면 가끔씩 눈에 띄어서 놀랄 때가 있다. 지금은 대부분이 조금 가늘어진 32와트 형광등이다. 초창기에 정부에서는 지원금을 주면서 보급 하였다. 백열등과 달리 형광등은 단짝친구인 전자제품인 안정기가 있다. 안정기 2등용당 6500원 가량의 지원금을 받아 설치했던 기억이 난다.

32와트. 2등용은 64와트. 기존 80와트에 비해 16와트나 줄어들었다. 기존대비 20%절감된 것이다. 어둡고 불편해졌을까? 쾌적성은 기본이다. 더 밝아지고 산뜻해졌다. 사람들은 밝은 세상에서 불편없이 생활한다. 그런데 전기는 덜 가져갔다. 기존대비 20%나 적은 16W를 말이다. 우리나라 형광등이 수억 개라면 웬만한 화력발전소 몇 개는 필요 없어진다. 1억개라고 하면 1,600MW이다. 원자력발전소 1기 정도를 확보하는 것이다. 그만큼 앞으로 안지어도 된다는 말이다.

최근에는 40~50와트 평판형LED가 보급되고 있다. 정부에서 구매비용을 지원해준다. 40와트에서 32와트로 고효율화 하고 보급지원한 것과 같다. 2등용 64와트가 40~50와트가 되었으니 14~24와트를 추가로 줄였다. 1,400MW~2,400MW를 추가로 더 확보했다.

아까 생각해본 마을로 가보자. 그 마을에 새롭게 아파트가 세워졌지만 관리자인 나는 발전기를 사는 것 말고 다른 수가 생겼다. 수요측에서 효율향상이라는 방법으로 관리하여 전기를 덜 가져가게 했기 때문이다. 불편하다는 불평 한마디 없이 오히려 깔끔하고 밝아서 좋다는 칭찬까지 받으면서 말이다.

조명뿐만 아니다. 고효율전동기에도 적용할 수 있다. 우리나라 전체 전력소비량의 60%이상을 전동기가 차지하고 있다. 우리 주변에 대부분이 전동기이다. 세탁기, 진공청소기, 에어컨, 선풍기가 그렇다. 건물의 급수펌프, 순환펌프에도 전동기가 들어간다. 특히 공장은 전동기로 가득 차있다. 시멘트공장에서 돌을 부수는 것도 전동기이고 화학공장에서 연료를 이송하는 것도 전동기이고 제철공장에서 냉각수를 공급하는 것도 전동기이다. 전동기가 우리나라를 돌리고 있다 해도 과언이 아니다. 고효율전동기는 기존 일반전동기보다 효율을 5% 이상 높일 수 있다. 전체 전동기를 고효율로 바꿀 경우 2,500MW의 발전설비 여유를 확보할 수 있다. 원전 2기 이상의 규모이다. 고효율전동기보다 더 고효율인 프리미엄급 고효율전동기는 2%의 추가 효율 향상이 가능하다고 한다.

정부에서는 쉬지 않고 수요관리를 한다. 발전소는 점점 여유가 생긴다. 늘어나는 수요만큼 발전소를 계속 지어가야 할 스트레스가 줄어든다. 고효율조명, 고효율전동기, 고효율냉동기, 고효율인버터 등 에너지효율향상은 갈 길이 바쁘다.

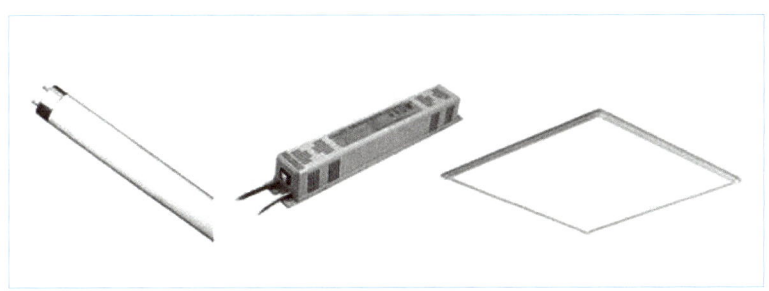

[그림1-2] 고효율 조명과 전자식안정기

또 다른 수요관리로 DR이 있다. DR은 Demand Response, 수요반응이라고 했다. "에너지효율향상만 열심히 하면 되지, 뭐 하러 반응까지 일으켜야 하나?"라고 반문할 수 있다. 그러나 에너지효율향상에는 몇 가지 한계가 있다. 먼저는 계속 줄이기가 쉽지 않다. 기술개발도 끝이 없고 돈도 많이 든다. 그래도 언젠가는 0.001와트도 안 되는(핸드폰 충전용 소비전력 수준)전기로 LED를 켜면 집 전체가 환해지는 세상이 오겠지만 우리들의 세상은 아닐 듯하다. 또 하나가 있다. 이 이야기를 위해서 마을을 관리하는 전기관리자의 고민으로 다시 돌아가 보자.

전기관리자가 운영하는 모든 발전기가 1년 내내 쉬지 않고 돌아가는 것은 아니다. 그 마을 기준이라면 가정집이 많으니 주로 저녁시간에 쓰인다. 아이들이 학교에 갔다 와서 냉장고 열었다 닫고, 저녁 준비하느라 전기 오븐을 켜고 직장에서 돌아온 가장이 TV를 켜고 전기안마기에 몸을 맡긴다. 식사 후에는 PC를 켜고 아이들은 온라인 강의를 시청한다. 사춘기 아이는 문을 걸어놓고 인터넷 게임을 할 것이다. 식사하고 차 한 잔 우리는 정수기의 온수기능도 바쁘다. 전기소비자들은 주로 저녁5시에서 9시 사이에 전기를 많이 가져갈 것이다. 발전기가 바빠지는 시간이다. 이 집 저 집에 전기를 만들어 보내느라 진땀을 흘린다. 그런데 그 시간에 새로 지어진 건물이 전기를 달라고 하면 발전기가 어떻게 될까? 과부하가 걸릴 것이고 지속되면 코피를 흘리며 쓰러지고 만다.

반면에 그 동네 낮이나 새벽에는 발전기가 할 일이 별로 없다. 사람들은 직장과 학교로 갔으니 전기를 사용할 사람이 많지 않다. 기본적인 최소 전기사용량만 만들어서 보내면 된다. 수요가 늘어났을 때 전기관리자의 고민은 '항상'이 아니라 전기사용이 집중되는 시간이다. 바로 그 시간대에 새로 들어선 건물도 전기를 쓰겠다고 해서 그 시간 때문에 발전기를 더 사와야 하나 고민한 것이다. 다른 시간대는 현재 발전기가 남아도는데 말이다. 집중되는 시간대를 해결하는 것이 관건이다. 에너지효율향상은 고효율설비가 가동되는 그 시간에만 효율화되는 것이다. 가동되지 않을 때, 그러니까 꺼져있을 때는 효율적이라는 말이 의미가 없다. 물론 전기사용이 집중되는 시간에 고효율기기들의 역할은 지대하다. 발전기 공급의 숨통을 틔어준다. 그러나 새벽시간 고효율기기들의 역할은 어떨까? 켜져 있다고 해도 고효율이 큰 의미가 없다. 물론 소비자 입장에서 전기요금이 줄어들겠지만 계통관리자 입장에선 크게 도움이 되지 않는다. 어차피 전기 공급에 여유가 많은 시간이기 때문이다. 발전기들이 가능하면 더 돌아갔으면 하는데 고효율기기는 마음도 모르고 효율향상을 해서 덜 돌아가게 한다. 게다가 정부의 지원금까지 받은 고효율기기들이, 밤이나 새벽, 특히 귀뚜라미가 우는 가을밤에 고효율 전기기기는 최소한 국가적으로는 별 도움이 되지 않는다.

어느 큰 공장 이야기이다. 고천장 생산라인에 메탈할라이드 램프가 즐비하다. 한 등 당 250와트 더 높은 쪽은 400와트이다. 전기가 많이 필요하다. 비싸긴 하지만 LED램프 150와트, 200와트로 교체를 검토한다. 샘플을 설치했는데 전혀 어둡지 않다. 쾌적성도 좋고 수명도 오래간다고 한다. 6개월마다 교체하고 유지·보수하던 것을 5년은 문제없이 쓸 수 있다니. 게다가 정부에서 적잖은 보조금도 지원해준다. 이참에 싹 바꿔보자.

그런데 지원금을 준 정부가 놀란다. 효과가 좋아서? 웬걸, 발전소 예비율이 남아도는 밤과 새벽시간에만 공장이 돌아가니 국가전력피크 관리에 전혀 도움이 되지 않아 놀란 것이다. 물론 사용자의 효과는 만점이다. 공장이 밤과 새벽에 가동되어 전기요금이 확연히 줄었기 때문이다. 그러나 지원금의 목적은 국가적으로 집중되는 시간에 피크를 줄이고 공급의 여유율을 높이려는 것이었다. 왠걸 발전소 예비율이 남아도는 밤과 새벽시간에만 공장이 돌아가니 국가전력피크관리에 전혀 도움이 되지 않아 놀란 것이다. 효율향상의 치명적인 한계다. 이런 문제로 최근에는 고효율기기 지원을 똑똑하게 하려 한다.

한국에너지공단에서 에너지효율(EE) 시장 시범사업을 통해 그동안 설치초기에 지급하는 지원금 방식을 바꾸었다. 지원금의 절반가량은 초기 설치할 때 주고 나머지는 여름철 집중되는 낮 시간에 사용되는 것을 확인하고 준다. 구체적으로 2018년 기준으로 전년 피크기간인 7월 16일 ~ 9월 15일(2주간, 주말과 공휴일 제외) 14시 ~ 18시까지 4시간의 계량을 베이스라인으로 잡는다. 설비개체 후 동기간 시간당 수요 감축량을 체크한다. 수요감축량이 설비의 효율향상치를 만족해야 한다. 이를 위해서 원격검침이 필수적이다. '설비 – 계량기 – LTE 모뎀 – 한국에너지공단 서버'로 데이터 전송가능한 시스템을 구축해야 한다. 애초의 국가피크관리의 목적에 맞게 운영하며 지원금을 쓰겠다는 것이다. 대부분의 고효율기기는 지원금을 받은 값을 한다. 애초 국가 전력이 집중되는 시간에 소비되던 설비들이라 고효율화 됨으로 국가 전력피크관리에 도움을 준다. 그러나 모든 고효율기기가 그렇지 않다는 것은 분명하다. 그래서 우리는 보다 스마트한 수요측 관리가 없을까를 고민하는 것이다.

3. 수요반응, 당근과 채찍

이제 효율향상의 한계를 해결할 DR(Demand Response), 수요반응 이야기로 넘어갈 때다. DR은 수요증가에 대한 맞춤형 대응을 하는 것이다. 전력소비가 집중되는 바로 그 시간의 문제를 바로 그 때 해결하는 것이다. EE가 하드웨어 기반이라면 DR은 소프트웨어 기반이다. EE가 정형화되어 있다면 DR은 변화무쌍하다. 애초 전기 관리자의 고민인 집중되는 시간대, 바로이곳을 놓치지 않고 대응한다. EE처럼 사용시간 전반적으로 줄여주는 펑퍼짐한 대응이 아니라 문제가 되는 시간만 집중적으로 공략한다. 영화 '주유소습격사건'을 보면 주인공은 두목처럼 보이는 한 사람만 잡아서 집중적으로 팬다. 다른 사람은 신경도 안 쓴다. 어차피 다 공격할 수도 없다. 두목에게 크게 당할 수도 있다. 그러나 모두를 상대하며 에너지가 분산되는 것보다 차라리 낫다. 주어진 환경에선 가장 효과적인 방법이다. 배우 유오성의 대사가 기억난다.

"난 한 놈만 패"

수요반응, DR도 두 가지로 나뉜다. 수요관리도 두 가지로 나뉘는데, 그 중에 수요반응도 두 가지로 나뉜다. 당근과 채찍이다. 집중되는 시간대를 분산시키기 위한 방법으로 당근이라고 할 수 있는 인센티브 기반이다. 채찍이라고 할 수 있는 요금기반이다.

당근, 부하관리 프로그램

인센티브 기반의 수요반응(DR)은 무엇일까? 집중되는 시간대, 특히 발전기 예비율에 문제가 예상되는 시간대에 미리 알려서 사용을 줄이도록 한다. 인센티브 지원금을 주면서 수요측의 반응을 이끌어 낸다. 공장이나 건물이 전기사용을 잠시 줄이거나 다른 시간대에 사용하도록 조정한다. 얼마나 미리 알려줄까? 인센티브 기반의 DR은 역사가 좀 있다. 30여 년 전부터 여러 가지 이름으로 존재해왔다. 하계휴가·보수기간 조정제도(후에 지정기간 수요조정제도로 바뀜)라는 이름으로 한국전력이 운영해왔던 프로그램이다. 6월경에 올 여름, 특히 8월 둘째 주에 날씨도 덥고 전력사용량도 급증할 것으로 예상한다. 전기사용량이 집중되는, 발전소에 여유가 생기지 않는 시간대가 된 것이다. 미리 대형공장들과 협의를 한다. 8월 둘째 주에 휴가를 가면 인센티브 지원금을 주겠다고. 어차피 여름에 휴가 가는 것, 미리 일정을 조정하면 큰 문제가 없다. 대형공장들은 참여해서 수억 원에서 수십억 원의 인센티브를 받는다. 정부는 발전소에 여유를 확보한다. 그 시간대를 위해 발전소를 더 지어야 하는데(시간적으로 2개월 전에 지을 수도 없지만) 그럴 필요가 없어졌다. 발전소를 확보하는 공급관리를 해서가 아니라 공장으로부터 수요측 반응을 이끌어내는 수요관리를 했기 때문이다.

주간예고 수요조정제도라는 프로그램도 있었다. 이것은 금요일에 다음 주의 상황을 예측하고 대응하는 것이다. 한국전력거래소는 주간예측, 일간예측을 한다. 기온과 경기, 대내외적인 상황들을 기초로 판단한다. 다음 주 수요일 2~4시에 전력사용이 집중될 것으로 예측한다. 공장과 건물과 협의한다. 집중이 예상되는 그 시간대에 사용량을 줄이거나 다른 시간으로 조정하면 인센티브 지원금을 주기로 한다.

가능한 공장과 건물이 수요측 반응을 일으키며 집중되는 시간대의 문제를 해결한다.

그 외에 직접부하제어, 긴급절전, 전력수요자원시장, 지능형수요관리 등으로 프로그램들이 진화해왔다. 그리고 2014년 4월 일명 전하진법으로 불리는 '전기사업법 일부개정안'이 통과되면서 그해 11월 수요자원거래시장이 탄생한다. 수요자원거래시장은 이 책의 큰 주제로서 3장에서 설명하기로 한다.

채찍, 다양한 전기요금

이제 채찍으로 가보자. 채찍기반의 수요반응(DR)은 전기사용이 집중되는 시간에 전기요금을 높게 하는 채찍을 때려 사용량을 줄이게 하거나 다른 시간대로 조정하게 하는 것이다. 전기요금은 핸드폰 요금처럼 기본 요금과 사용량 요금으로 나뉜다. 기본 요금은 전화를 사용하지 않아도 월간 내는 정해진 금액이다. 사용량 요금은 쓴 만큼 내는 것이다. 그래서 매월 다르고 많았다가 적었다가 한다. 전기요금도 기본요금은 사용자의 전기사용 규모에 의해 정해진다. 사용량 요금은 전력량 요금이라고도 부르는데, 매월 사용량에 따라 달라진다. 고압으로 전기를 사용하는 대형건물이나 공장의 경우와 저압으로 전기를 사용하는 소형 상가나 주택의 경우가 다르다. 어쨌든 다양한 요금방식이 있으나 이는 모두 수요측 반응을 일으키려는 생각에서 출발한다.

기본요금은 전기설비용량을 기준으로 하는데 결국은 변압기의 용량을 계약전력이라고 하여 이를 기준으로 부과한다. 그러면 건물이나 공장이 지어지면 크게 리모델링을 하지 않는 선에선 기본요금이 같아야 할 것이다. 정부에서는 전기사용이 집중되는 하계와 동계시간의 사용량을 억제하고 싶어 한다. 하계와 동계 사용량을 기준으로 일년치 기본요금을 정한다. 이런 채찍을 피해 요금절감을 하고 싶다면 하계와 동계의 사용량을 줄이려고 노력해야 한다.

사용량 요금은 주택용 요금, 일반용 요금, 산업용 요금, 교육용 요금으로 크게 구성되었으며 기타로 농사용 요금, 가로등 요금, 전기자동차 요금 등이 있다. 요금제 안에 선택 옵션이 나뉜다. 또 계절과 시간에 따라 요금이 달라진다. 최대부하, 중간부하, 경부하이며 해당시간이 계절별로 다르다. 최대부하 시간대 요금이 가장 높다. 경부하시간은 주로 새벽 시간대로, 요금이 가장 싸다. 최대부하 시간대라는 이름처럼 전기를 최대로 사용하는 시간이라는 것이지 요금이 높은 시간이라는 말은 아니다. 그러나 전기소비가 집중되기에 요금을 높여 분산시키려 하니 제일 비싼 시간대가 되었다. 경부하 시간대라는 이름처럼 전기를 적게 쓰는 시간이라는 것이지, 요금이 낮은 시간이라는 말도 아니다. 전기소비가 집중되지 않기에 전기요금도 가장 싼 시간이 되었다.

그렇게 해서 최대부하시간대가 내용적으론 최대요금시간대이다. 경부하시간대가 내용적으로 낮은 요금 시간대이다. 이것도 저것도 아닌 중간부하시간대는 중간요금시간대이다. 이 또한 이 책의 큰 주제로 5장에서 자세히 설명하기로 한다.

4. 물구나무 선 발전소

수요자원은 네가와트(Negative Watt)라고도 불린다. 전기를 생산하는 발전기의 기본단위인 Mega Watt[MW]를 빗대어 표현한 것이다. 수요가 줄어드는 것이 상대적으로 전기가 생산되는 꼴인 발전의 모습을 하는 것이다.

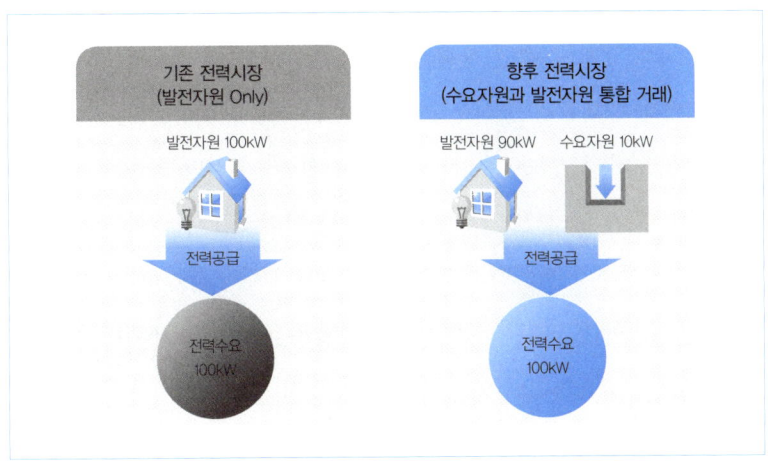

[그림1-3] 전력수요자원 개념도(출처 : 전력거래소)

왼쪽의 그림처럼 발전소에서 100kW를 생산한 동시에 소비자들은 100kW를 잘 사용했다. 어떤 면에서는 소비자들이 100kW를 사용해서 발전소에서 그렇게 만들어낸 것이다. 오른쪽 그림을 보자. 발전소는 어떤 사정인지 90kW를 생산했다. 대신 평소에 10kW를 소비하던 곳이 그 시점에 10kW를 사용하지 않았다. 소비자 단을 보자. 그들은 위에서 어떤 일이 일어나는지 모르지만 평소처럼 100kW를 불편함 없이 잘 사용하였다. 100kW를 사용한 소비자는 고맙다고 100kW의 요금을 지불한다. 그런데 오른쪽의 발전소는 90kW 밖에 생산하지 않았으니 90kW에 해당하는 돈만 받는다. 나머지 10kW에 해당하는 돈은? 당연히 사용량을 줄인 건물이나 공장에게 돌아간다. 10kW는 발전소가 한 일과 다름이 없다. 다만 전기를 생산하지 않고 줄였다. 발전소와 반대로 했다. 발전소처럼 똑바로 서있지 않고 물구나무를 섰다. 그러나 대가는 발전소의 그것처럼 받았다.

수요관리의 가치는 점점 중요해진다. 정부에서는 공급 위주의 전력수급정책을 수요관리 중심으로 전환하기 위해 실효성 있는 수요관리 수단을 확보하려고 노력한다. 발전소 건설 및 송전망 확충 등에 대한 여러 어려움이 나타나고 있기 때문이다. 전력공급 위주의 정책 전환이 더욱 절실해지고 있다. 이를 통해 2031년에는 국가 전기소비량의 14.5%, 최대의 12.3%를 수요관리로 감축하는 목표를 세웠다. 대단한 목표 그만큼 수요관리의 역할이 크고 비용대비 효과적이다.

에너지효율 향상은 전통적인 효자 수요관리 방안이다. 미국 에너지경제효율위원회(ACEEE)가 있다. 전 세계 에너지효율에 대한 연구와 포럼을 통해 기여하는 곳이다. 이곳에서 향후에는 에너지효율향상을 통한 에너지절약이 제1의 에너지원이 될 것이라 예상했다. 국제에너지기구(IEA)에서도 2040년까지 35%의 온실가스 감축을 에너지효율향상으로 이룰 수 있다고 분석하였다.

우리 정부에서도 향후 효율관리 기기 품목을 확대할 뿐만 아니라 효율기준도 강화하여 최대전력 4.15GW을 감축 계획 했다. 현재 변압기와 3상유도전동기에 적용 중인 최저 소비효율제와 효율기준 미달제품 생산 및 판매금지를 압축기와 냉동기로 확대하려 한다. 기존의 5

가지 고효율 기기인 LED 조명, 전동기, 인버터, 히트펌프, 냉동기에 4가지 신규기기인 변압기, 터보블로어, 회생제동장치, 항온항습기를 추가하고 지원코자 한다. 단열기준 등 건축물 에너지절약 설계기준을 강화하고 제로에너지 빌딩 의무화 등 수요측관리를 위한 모든 노력을 기울이려 한다. 에너지공급자에게 효율향상 의무를 부과하는 EERS 제도도 구체화되고 시범사업이 시작된다. 이는 6장에서 자세히 다루고자 한다.

보는 만큼 줄일 수 있다는 말이 있다. 가정의 가계부에만 해당되는 말일까? 그럴 수도 있겠지만 에너지 분야에서도 흔히 하는 말이다. 건물과 공장의 에너지 사용량, 보는 만큼 줄일 수 있는 것은 사실이다. 보는 것이 바로 에너지관리시스템(EMS : Energy Management System)이다. 장기적으로 에너지 다소비 건물·공장에 에너지관리시스템을 의무적으로 보급하여 2GW의 수요관리를 하고자 한다. 공장의 EMS를 FEMS(Factory Energy Management System)이라고 한다. FEMS를 이용한 효율적 공정운영으로 비용절감을 이루는 스마트팩토리를 2022년까지 2만개 만들고자 한다. 건물의 에너지관리 시스템은 BEMS(Building Energy Management System)이다. 이미 2017년부터 BEMS를 공공기관 건물부터 신축 또는 증축 시 설치의무화하고 있다. 또 BEMS와 ESS를 결합한 융복합시스템을 보급하고 권장해서 수요관리하려 한다. 가정에서도 가계부뿐만 아니라 전기사용량을 실시간 확인 가능한 AMI(Advanced Metering Infrastructure)를 2020년까지 전체가구에 보급하여 최대전력수요에 대응하려는 인프라 구축계획을 가지고 있다.

수요관리는 할 수 있는 것은 무조건 하면 좋은 것이다. 자가용 태양광으로 분산되어 있는 소규모 전력을 모으려고 한다. 신재생에너지 보급지원사업과 태양광 대여사업을 확대한다. 2030년까지 15가구당 1가구는 신재생 보급을 하므로 0.32GW를 감축할 예정이다. 특히 2016년 전기사업법 개정준비하고 6개 시범사업자를 선정하였고 2018년 법제화된 소규모 전력중개사업 제도가 있다. 법 통과와 사업구조와 수익모델을 구체화될 때 많은 민간사업자들이 참여할 것이며 새로운 수요관리 아이템으로 부상할 것이다.

대표적이고 성공적인 모습을 보이고 있는 수요자원시장도 예외가 아니다. 기존 제도를 개선할 뿐만 아니라 대상을 국민 전체로 확산하는 '국민DR시장'을 열면서 3.82GW의 수요관리를 하고자 한다.

이는 2030년 수요자원시장 목표용량 5.7GW에 피크기여도 70%를 반영한 양이다. 정부는 기존 시장의 수요감축 발령기준을 개선하고, 수요자원을 다양화하며, 이행률 제고를 위해 수요관리사업자 전문성을 지원코자 한다. 새로운 국민DR시장을 위해서는 실증과제를 통해 관련 기술과 보상체계, 접근성 등을 점검하고 있다. 2018년 시범실증사업 완료 후 2019년부터 시장개설과 본 사업이 시작된다.

이제 물구나무 선 발전소가 어떤 역할을 하는지 구체적으로 들여다보고자 한다. 또한 앞으로 전력계통에 기여할지 기대가 된다. 이 책의 독자가 물구나무 선 발전소를 이해하며 각자의 위치에서 에너지프로 활동했으면 한다. 그러면 우리는 새로운 에너지나라를 함께 열어가는 개척멤버가 되는 것이다. 자 이제 거꾸로 서서 줄이며 만들고 공급하는 신비한 발전소의 세계로 가보자.

02
전기파는 가게

1. 시장가서 전기 좀 사올게
2. 거울아, 내일 전기를 얼마나 쓸지 알려줘
3. 쓰지도 않는 발전기에 왜 돈을 줘?
4. 배추와 전기가 다른 점
5. 나는 밤에 세탁기를 돌린다

1. 시장가서 전기 좀 사올게

모든 물건은 시장에서 판다. 요사이는 인터넷을 통한 온라인 시장이 활성화되어있어 놀랄 때가 많다. 아마존에 주문하면 주문이 끝나기 무섭게 드론으로 배달된다니 믿기 어려울 정도이다. 전기도 시장에서 판다. 전기를 사고파는 시장을 전력시장이라고 한다. 여러분이 언제 전력시장에 가서 전기를 조금이라도 사온 적이 있는가? 기억을 더듬어도 그런 적은 없다. 그러나 전기는 지금 이 시간에도 쓰고 있다. 도대체 전기를 판다는 전력시장의 정체가 무엇일까?

전력시장을 크게 나누면 용량시장과 에너지시장이다. 그 외 보조서비스시장도 있고 중요한 역할을 하지만 규모면에선 말 그대로 보조적인 수준이다. 전력시장은 핸드폰이나 마트의 초콜릿, 아이스크림처럼 주문해서 생산하는 시장과 다르다. 생산해서 재고로 쌓아두고 주문이 들어오면 파는 구조가 아니다. 전기는 생산과 동시에 소비가 이루어진다. 그러면 주문자 생산처럼 미리 소비량을 알고 그만큼 바로 생산해서 판매하는 방법이 좋다. 그런데 문제는 전기를 얼마만큼 소비하겠다는 주문이 오지 않는 것이다. 모든 소비자들이 '내일은 이만큼 전기를 쓰겠습니다.'라는 발주서를 보내고 발전소에서는 주문 들어온 양만큼 전기를 만들어 제공하면 좋겠지만, 현실은 그렇지 않다. 발주서에는 하루 동안 사용할 총량만 제출해서는 안 된다. 시간대별로 더 세분해서 15분 단위로 사용할 양을 빼곡히 적어야 한다. 불가능한 일이다.

소비자들이 이런 수고를 감수하며 전기를 쓰려고 할까? 무엇보다 자신이 15분 단위로 전기를 얼마나 사용할지 알 수는 있을까? 정확할 수도 없고 취합하는 것도 쉽지 않다. 전력거래소는 발전소에게 전기를 얼마나 만들라고 주문할지 고민이다. 많으면 남아돌고 적으면 부족해서 난리가 날 것이기 때문이다. 그래서 전력거래소는 수요를 예측할 수밖에 없다. 15분 단위, 1시간 단위의 전력량을 매일 예측하고 이를 기준으로 전기생산을 준비시킨다. 이것이 전력시장만의 대표적이고 독특한 특징이다.

초밥을 그리 좋아하진 않지만 광화문에 있는 회전 초밥집에 간 적이 있다. 회전초밥가게는 내가 원하는 초밥을 선택해서 먹고 나중에 접시를 들고 가서 접시갯수만큼 가격을 지불한다. 내가 무엇을 얼마나 먹을지는 알 수 없다. 자리를 잡고 보니 맛있어 보이는 초밥이 있어 집어 든다. 먹어보니 내 취향이 아니라서 다시는 안 고른다. 다른 것을 선택한다. 맛있으면 한 번 더 선택한다. 한 쪽에 초밥달인 아저씨가 열심히 초밥을 쥔다. 이분은 어떻게 수요와 공급을 맞출까? 우선 실시간으로 잘 나가는 초밥을 계속 만든다. 가끔 나가는 것은 가끔 만들면 된다. 초밥이 없어지는 것이 바로 체크되기 때문에 가능하다. 그러다가 너무 잘 팔려서 재료가 없으면 어떻게 하나? 손님에게 욕먹는다. 군대에서 배식 실패는 용서받을 수 없는 것처럼. 그래서 잘 팔리는 재료는 미리 많이 사놓고 손을 봐놓아야 한다. 이는 계절과 요일과 날씨에 따른 패턴을 보고 수요를 예측해야 가능하다. 거창하게 수요예측은 아니겠지만 장사를 잘하는 사람은 달인만의 노하우와 육감으로 재료준비를 할 것이다.

그런데 전기는 공급되지 않으면 손님에게 욕먹고 끝나지 않는다. 전기는 없으면 큰 난리가 난다. 초밥달인처럼 실시간으로 상황에 맞춰 적절한 공급을 하는 수준이 아니라 재료가 남아서 버리더라도 무조건 여유 있게 준비해야 한다. 그렇게 안하면 가게 문을 닫아야 할 상황이 온다. 그런 수요예측을 기반으로 경상도, 전라도, 충청도 등의 발전소에서 전기를 만들어 낸다. 만든 전기는 송전탑과 배전선로를 통해 소비자에게까지 온다.

지금 내가 쓰는 전기는 어느 지역에 있는 어떤 발전소에서 만들어진 것일까? "전기야 너는 어느 별에서 왔니?"라고 묻고 싶겠지만, 내가 쓰는 전기는 어느 동네 발전소에서 만들어진 것을 쓰는 개념이 아니다. 내게 가장 가까운 발전소에서 만든 전기를 쓰게 되는 것도 아니다. 내가 쓰는 전기가 '메이드 인 경상도'도 아니고 '메이드 인 전라도'나 '메이드 인 충청도'도 아니다. 우리나라 발전소들의 모든 전기가 섞인 '메이드 인 코리아' 전기를 쓰는 것이다. 100% 국내산 전기는 만들어지고 시장에 공급된다. 이제 우리는 전기시장에 가서 마트에 가서 반찬거리 사오듯이 사오면 될까? 우리가 전기시장에 직접가지 않는다. 우리나라 전기시장에는 최종소비자가 직접 들어갈 수 없다. 대형 판매회사인 한국전력이 시장에서 통째로 사온 다음 최종 소비자에게 재판매한다. 한국전력은 시장에서 싸게 사서 이익을 붙인 가격에 최종 소비자에게 파는 것이다. 외국은 이렇게 판매하는 회사가 여러 곳 있지만 우리나라는 한국전력 한 곳 뿐이다 (대규모 수용가의 직접구매제도나 구역에너지사업자를 통해 전기를 공급받는 몇 가지 예외는 제외한다).

"엄마 시장가서 전기 몇 봉지 사올게, 집에서 숙제하고 있어라."라는 말은 당분간은 일어나지 않는다. 시장에서 전기공급자와 구매자의 거래가 이루어지기는 하지만 우리는 대규모 구매자이며 판매사업자인 한국전력에게 공급받고 요금을 내기 때문이다. 요금은 후불제이다. 먼저 사용하고 사용한 양만큼 전력량계라는 저울로 달아서 가격을 결정하여 비용을 지불한다. 만약을 대비해서 미리 돈을 많이 낸 다음 엄청난 양의 전기를 사놓고 필요할 때마다 쓰면 좋으련만 전기는 미리 구매할 수 없다. 시장에서 거래되는 전기이지만 최종소비자인 우리가 시장에 가지 않고도 매일 필요한 만큼 전기를 사용한다. 혹시 엄마가 시장가서 전기 사오겠다고, 집에서 숙제하고 있으라고 말한다면 거짓말인 줄 알라. 우리 몰래 아빠와 외식하러 가는 것이다.

2. 거울아, 내일 전기를 얼마나 쓸지 알려줘

전력시장에서 중요한 것이 고객이 얼마나 구매할지를 예측하는 수요예측이라는 사실을 눈치 챘을 것이다. 국가단위 전체 전력을 어떻게 예측할 수 있을까? 모든 고객에게 물어볼 수도 없다. 물어봐도 아무도 대답하지 못한다. 그것도 시간단위로 예측하는 것은 더욱 불가능하다. 그래서 전력거래소에서는 여러 변수를 반영하여 전력 수요를 예측한다. 수요예측은 수 십 년의 시행착오를 통해 매우 정교해졌지만 예측은 어디까지나 예측일 뿐이다. 1995년 9월 15일 사태만 보아도 잘못된 수요예측으로 일어난 일이다 (2011년 9월 15일 전국에 산발적인 정전이 일어난 순환정전 사고도 잘못된 수요예측으로 일어난 일이다. 이는 뒤에서 자세한 설명을 하겠다.)

그래서 수요예측 오차에 대비한 조치가 필요하다. 이를 위해 전력시장 중 에너지 시장에 대한 설명이 우선되어야 한다. 전력거래소는 매일 수요를 예측한다. 전기를 얼마나 사용하게 될지 알아야 그만큼 발전기를 대기시킬 수 있기 때문이다. 아래 그림의 파란색 선은 당일 전력공급가능용량이다. 가능용량이란 수시간 이내에 기동할 수 있는 발전기들의 용량을 말한다. 계단형 검은색 선은 시장가격이며 회색 선은 내일 하루 예측되는 전력수요라고 보면 되겠다. 물건으로 비유하면 고객의 발주서, 그러니까 내일 전기를 이정도 사용하겠다는 주문서와 같은 것이다. 예측되는 주문서라고 볼 수 있다. 전력거래소는 주문서에 따라 공급할 발전소들을 시간대별로 모은다. 그리고 수요예측 곡선에 맞추어 전기를 생산하고 공급한다.

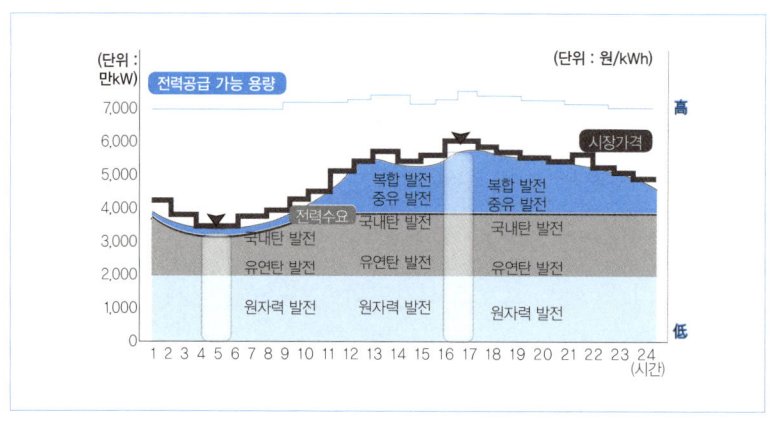

[그림 2-1] 우리나라 시간대별 전력수요(출처 : 한국전력거래소)

전력거래소가 발전소를 모으는 방법은 입찰을 통해서다. 발전소는 오전 10시까지 익일에 대한 시간대별 전기 생산가능량(공급가능량)을 전력거래소에 투찰한다. 전력거래소는 수요예측을 기초로 익일 시간대별 사용될 전기량에 해당하는 발전소를 확보한다. 수많은 발전소들이 '나는 몇 시부터 몇 시까지 얼마만큼의 전기를 공급하겠다'고 투찰할 것이다. 입찰이니 가격을 기입한다. 가격은 비용평가위원회에서 발전소별로 월별 단가를 정한다. 발전소 발전방식, 효율, 연료종류 등을 기준으로 정해진다. 매일 입찰시 발전소 월별단가에 의해 저가부터 고가 순으로 우선순위가 정해지며 낙찰여부가 결정된다.

전력거래소는 당연히 가격단가가 싼 발전기를 먼저 확보하고 부족하면 추가 발전기(가격이 더 비싼 발전기)를 확보할 것이다. 그래도 부족하면 좀더 비싼 발전기를 추가로 낙찰시킨다. 그렇게 해서 필요한 양만큼 확보가 되면 그 중 가장 비싼 발전기의 생산단가가 그 시간대의 전기 구매가격이 된다. 이를 전문용어로 SMP(System Marginal Price; 계통한계가격)라고 한다. 다음날이 되면 해당시간에 낙찰된 발전기들이 가동되며 약속한 양만큼 전기를 생산한다. 한국전력은 시간대별 SMP 금액을 지불하고 전기를 구매한다. 또 한전으로부터 전기를 구매한 최종 소비자들은 필요한 만큼 자유롭게 전기를 사용한다.

시간대별로 구체적으로 살펴보자. 새벽 6시가 되었다. 이집 저집 알람이 울리고 불이 켜지기 시작한다. 그러나 늦잠 자는 집은 아직도 한밤이다. 24시간 공장이 아니라면 설비가 돌아가기 전이다. 아직 전기 소비가 높지 않을 때이다. 이 시간에 어떤 발전기들이 선택되었고 또 가동되고 있을까? 변동비(연료비 등 직접적인 비용)가 가장 낮은 원자력 발전소는 언제나 1순위 낙찰이다. 그것으로 부족한 정도는 상대적으로 가격이 싼 유연탄 발전기가 충당한다. 그림을 보면 일부 국내탄 발전기도 투입된 것을 볼 수 있다. 그런데 중유발전까지는 필요가 없을 것 같다. 이 시간대는 국내탄 발전기의 변동비가 가장 높으며 해당시간대 SMP가 된다. 한국전력이 시장에서 이정도의 전기를 이 가격에 사서 공급하면 된다. 수요예측도 그랬고 실제 사용량도 그렇기 때문이다.

오전 10시가 되었다. 사무실에 직원들이 출근해서 이리저리 분주하게 뛰어다니며 업무를 보기 시작한다. 조명과 냉난방, 컴퓨터 등 전기소비가 집중된다. 새벽 6시 수준의 발전기 가지고는 대응이 안 된다. 추가로 더 많고 비싼 발전기가 필요하다. 중유발전기는 물론이요 연료단가가 높은 복합발전, LNG발전까지 낙찰시켜 전기를 생산, 공급한다. 10시대의 단가가 가장 높은 LNG발전기의 변동비는 SMP가 되고 한국전력의 구매비용을 올라간다. 싸게 사고 싶어도 전기구매량이 커지니 어쩔 수 없는 노릇이다.

12시, 점심시간이다. 공장의 생산담당자들은 설비를 잠시 멈추고 식당으로 이동한다. 필수 설비나 정지가 불가한 설비만 제외하고 공정은 정지된다. 사무실도 에어컨과 조명 또는 히터를 끄고 오늘은 뭘 먹을지 이야기하며 밖으로 나온다. 그래서 12시부터 13시까지는 눈에 띌 정도로 소비가 줄어든다. 물론 대형 시멘트, 화학 공장 등은 교대근무로 설비는 계속 가동되며 전기를 소비한다. 그래서 국가적으로 기본적인 사용량은 있지만 앞뒤시간에 돌아가는 고가의 발전기가 돌아가지 않는다. 당연히 한국전력이 구매해야할 전기량과 구매비용도 약간 줄어든다.

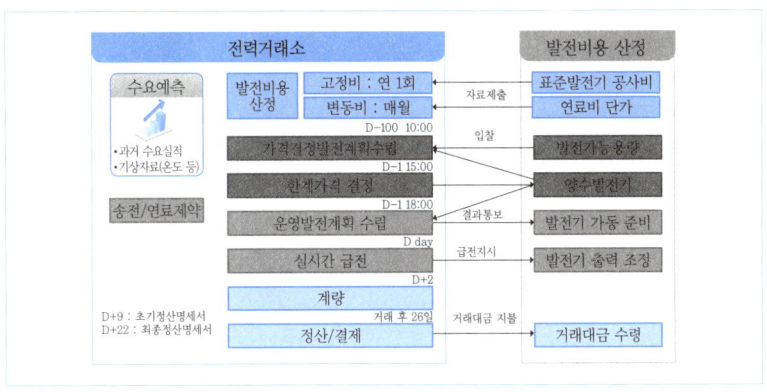

[그림 2-2] 전력거래 프로세스

이렇게 시간에 따라 필요한 전기와 그에 따라 공급해야 하는 전기의 양은 변화한다. 이를 예측한 수요예측곡선에 의거하여 낙찰된 발전기는 전기 생산을 준비한다. 시간이 되면 발전기를 돌려 약속한 전기를 성실하게 공급한다. 전력거래소도 낙찰된 발전기를 확보하고 있으니 마음이 든든하다. 내일 필요한 전기는 오늘 미리 준비해두니 허둥지둥할 일도 없다. 새로운 해가 뜨고 하루가 시작되지만 모든 준비가 되어있다.

그러나 정말 그럴까? 이미 이야기한 바와 같이 수요예측이 절대 정확할 수 없다. 전날 수요예측시 고려했던 온도나 상황이 급변했을 때는 대책이 없다. 갑작스럽게 수요가 급증해버리면 준비된 발전기 수준에서 대응이 불가하다. 기존발전기 과부하와 전력망 주파수 감소 및 지엽 전력망 집중 등으로 상상하고 싶지 않은 일이 벌어진다.

수요예측은 안 할 수도 없고 하고 안심하기에도 매우 부담되는, 계륵과 같은 것이다. 누구나 정확한 예측을 하고 싶다. 백설공주에 나오는 나쁜 왕비의 거울을 빼앗아서 물어보고 싶다. "거울아, 거울아, 내일 우리나라 전기 사용량이 어떻게 되니?" 거울은 말이 없다. 거울도 도저히 알 수 없는 어려운 질문인가보다. 요즘은 인공지능을 등에 업은 통신사 광고를 보면 휴대폰이 백설공주의 거울보다 뛰어나다. 잠시 후 소나기가 올지 알려준다. 모르는 꽃도 버섯도 다 알려준다. 이런 기술이 전력사용량을 예측해주면 참 좋을 것 같다. 그러나 아직은 인공지능이 실력을 발휘할 시간을 좀 더 주고 기다려야 할 것 같다.

'이가 없으면 잇몸으로 해야 한다'는 옛말이 있다. 너무 중요한 상황이니 그렇게라도 해야 한다. 그렇다면 만약의 상황을 대비해서 많은 잇몸이 준비되어있으면 어떨까? 예측의 한계가 있으니 여유발전기를 상시 대비해놓을 수밖에 없다. 여기서 우리는 전날 입찰에 참여했지만 단가가 조금 높아서 낙찰되지 않은 발전기들이 떠오른다. 이 발전기들이 급한 상황이 생기면 바로 가동되면 좋겠다. 그러나 갑자기 필요하다고 아무런 준비가 안 되어있던 발전기가 급히 가동된다는 보장이 없다. 그래서 낙찰되지는 않은 발전기이지만 어떤 관계를 맺어놓고 싶다. 혹시 알겠는가? 이들이 수요예측의 아쉬움을 덮어줄 튼튼한 잇몸이 되어줄지를.

 **여기서 잠깐!**

전력수요예측의 정체를 밝혀보자

예측이란, 이용가능한 정보를 최대한으로 활용하여 불확실한 장래의 사상을 확률적으로 추측하는 것이라고 되어있다.
전력거래소 시장운영규칙 2.3.5조에 전력수요예측을 정의하였다.
① 전력거래소는 전력거래 가격의 결정, 운영발전계획의 수립, 실시간 계통운영, 장/단기 전력수급 분석 등을 위하여 전력수요를 예측하여야 한다. 〈개정 2006.9.14.〉
② 전력수요예측은 일간수요예측, 실시간 수요예측, 주간수요예측, 월간수요예측, 단기간수요예측, 장기수요예측으로 구분한다. 〈개정 2006.9.14.〉
③ 일간수요예측에서는 가격결정 및 운영발전 계획수립을 위한 발전계약신고기간에 속하는 기간에 대해 시간대별 전력수요을 예측한다.
④ 주간수요예측에서는 향후 7일에 대한 일별 최대수요를 예측한다.
⑤ 월간수요예측에서는 향후 1개월에 대한 일별 최대수요를 예측한다.
⑥ 단기수요예측에서는 향후 2년에 대한 주별 최대수요를 예측하고, 월 단위의 발전전력량을 예측한다.
⑦ 장기전력수요예측에서는 향후 7년 이상의 기간에 대하여 연간최대수요 및 연간 발전전력량을 예측한다.

수요예측은 전기 소비자들의 소비계량과 예측하는 것이다. 목적은 무엇일까? 전력수요 변동성 대응, 가상/환경변화 고려, 패턴을 최근 수요패턴 반영 등으로 하는 정확한 수요예측이 시작된다. 실시간(Real-time) 예측에 대한 대응은 주파수제어 및 경제급전(Economic Dispatch)이다. 단기(Short-term)예측에 대해서는 발전계획으로 대비하며 중기(Mid-term)예측은 전력설비 유지보수 등을 통해 대비한다. 장기(Long-term)예측은 발전기, 송전만 건설계획으로 대비한다.

수요예측시 주요 변수는 다음과 같다. 경제적인 요소로 소비형태, 인구변동, 경기변동, 고객종류이다. 시간적인 요소는 계절, 일자, 요일, 특수일 여부이다. 사회적인 요소는 올림픽, 월드컵, 소등행사, 정전위기 대응훈련 등이며 가장 중요한 기상적인 요소로는 기온, 구름의 양(조도), 습도(불쾌지수), 풍속(체감온도), 강수량(조도)이다.

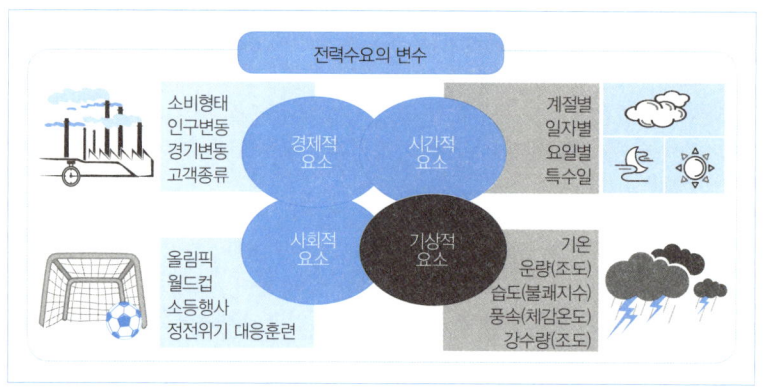

(출처: 한국전력거래소)

[그림 2-3] 전력수요의 변수

수요예측의 방법은 회귀분석법(Regression Analysis), 시계열분석(Time Series Analysis), 신경망 회로법(Artifitial Neural Networks) 등이 있다.

전력수요는 기온과 깊은 관계가 있다. 전력수요와 기온의 분포는 매우 비례한다. 다음 그림과 같이 사계절 기온과 전력수요는 연동하고 있음을 볼 수 있다. 오전 수요가 높은 가장 위쪽 검은색 곡선을 보면 오전과 늦은 오후시간 대 낮은 기온으로 난방사용이 집중되는 겨울철임을 알 수 있다. 점심이후 이른 오후시간부터 높은 기온으로 냉방사용이 집중되는 파란색 곡선은 여름철 그래프임을 확인할 수 있다. 기타 봄과 가을은 기온이 상대적으로 높거나 낮지 않기 때문에 전력수요도 낮은 것이 확인된다.

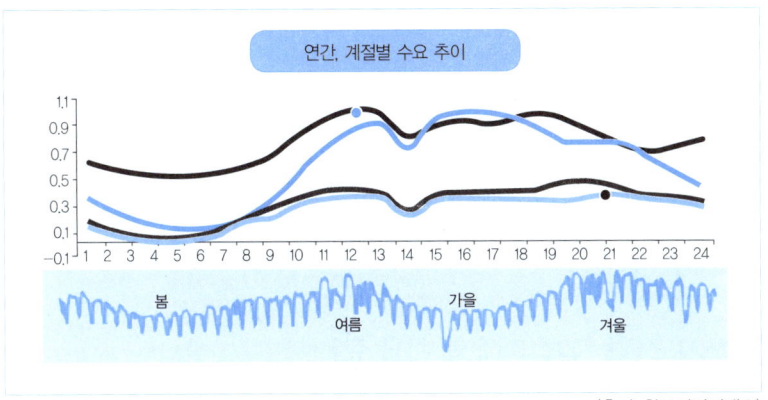

(출처: 한국전력거래소)

[그림 2-4] 우리나라 연간, 계절별 수요 추이

예측을 위한 모형은 다음과 같다. 전력소비량 전망모형과 최대전력 전망모형으로 나누어진다.

[표 2-1] 전력소비량 전망모형별 개요   (출처: 한국전력거래소)

모 형	특 징
전력패널모형	○ 전세계 100여개국의 전력수요 패널데이터 분석 결과를 반영, GDP 및 전력가격 변화에 따른 전력수요 도출
총에너지 패널모형	○ 전력패널모형과 유사하나 전력의 절대가격 대신 상대가격(전력가격/총에너지가격)에 따른 전력수요 도출
구조변화모형	○ 경제·사회적인 변화(인구구조, 대체 에너지가격 등)에 의한 전력소비 구조변화를 반영하여 전망
시계열모형	○ 미래의 전력수요가 과거 전력수요 데이터의 추세 및 패턴을 계속 따라간다는 전제하에 전력수요를 전망
미시모형	○ 주택용, 상업용(2개 부문), 산업용(10개 부문) 각각의 전력수요를 전망하여 이를 합산

[표 2-2] 최대전력 전망모형별 개요 (출처: 한국전력거래소)

모 형	특 징
거시모형	○ 최대전력과 전력소비량 간의 관계를 모형화하였으며, 기온에 의한 최대전력의 변동성을 추가 반영
시계열모형	○ 시간대별 전력수요 전망결과 중 연간 최대값을 추출하여 최대전력 전망결과로 활용
미시모형	○ 연간 전력소비량을 최대전력 발생시기의 시간대별 수요로 배분하여 최대전력 도출

3. 쓰지도 않는 발전기에 왜 돈을 줘?

이제 전력시장 중 에너지시장과 또 다른 용량시장으로 넘어간다. 가격단가로 인해 낙찰되지 않은 발전기라도 혹시 모르니 가동대기상태로 준비시킬 필요가 있다고 했다. 그러나 가동하게 될 보장이 없는 발전기가 대기하고 발전준비를 위해 관련 인원도 상주해가며 대기할 이유가 없다. 그래서 용량시장에서는 발전기가 가동 대기상태로 있으면 대기한 것에 대한 대가로 시간당 요금을 지급한다. 가동 대기상태란 언제든 요청이 오면 수 시간 내에 정상 출력을 낼 준비를 하고 있는 것이다.

자신이 대기상태가 가능하면 전력거래소에 시간단위로 자동 입찰에 참여한다. 낙찰이 되면서 시간단위의 단가로 정산을 받는다. 1년은 8,760시간이다. 매시간별로 용량요금 단가가 다르다. 대기상태의 부가가치에 따라 달라진다. 한여름 낮이나 한겨울 오전 또는 늦은 오후는 전력이 집중되는 때이다. 수요에 대한 발전의 여유가 많지 않다. 갑작스런 수요급증이나 기존발전기에 문제가 생기면 큰일이다. 이런 시간대에 예비발전기들이 대기하고 있다는 것은 고맙고 듬직한 일이다. 그래서 대기하고 있는 것에 대한 단가도 높다. 2017년 기준으로 kW당 24~26원까지 된다.

[표 2-2] 전력소비량 전망모형별 개요　　　　　　　　　(출처: 한국전력거래소)

거래월	거래일자	거래시간	RCP	RCF	TCF	기본정산금 단가
7	3	10	9.99	0.9503	2.650423	25.16
7	3	11	9.99	0.9503	2.781481	26.41
7	3	12	9.99	0.9503	2.781481	26.41
7	3	14	9.99	0.9503	2.781481	26.41
7	3	15	9.99	0.9503	2.781481	26.41
7	3	16	9.99	0.9503	2.781481	26.41
7	3	17	9.99	0.9503	2.781481	26.41
7	3	18	9.99	0.9503	2.781481	26.41
7	3	19	9.99	0.9503	2.504655	23.78
7	3	20	9.99	0.9503	2.440463	23.17
7	4	10	9.99	0.9503	2.650423	25.16
7	4	11	9.99	0.9503	2.781481	26.41
7	4	12	9.99	0.9503	2.781481	26.41
7	4	14	9.99	0.9503	2.781481	26.41
7	4	15	9.99	0.9503	2.781481	26.41
7	4	16	9.99	0.9503	2.781481	26.41
7	4	17	9.99	0.9503	2.781481	26.41
7	4	18	9.99	0.9503	2.781481	26.41
7	4	19	9.99	0.9503	2.504655	23.78

그러니까 100MW 발전기라면 시간당 2백5십만 원을 받게 된다. 상대적으로 봄가을 저녁은 단가가 매우 낮다. 전력수요도 낮아 갑작스런 문제가 생길 가능성이 낮기 때문이다. 혹시 문제가 생겨도 대응할 예비발전기도 많다고 보는 것이다. kW당 1원 미만까지 떨어진다.

100MW 발전기가 시간당 10만 원 미만을 받는다. 8,760시간 중 한 시간도 빠지지 않고 대기할 수 있다면 전 시간 입찰 참여할 수 있고 낙찰을 받게 된다. kW당 70,000원을 웃도는 돈이다. 100MW 발전기를 기준으로 년간 70억의 돈이 된다. 그러나 1년 내내 대기하기는 쉽지 않다. 발전기 유지보수나 돌발고장에 대한 정비 등으로 대기상태를 충족하기 어렵기 때문이다. 이런 시간대에는 대기에 대한 용량요금을 받을 수 없다.

다른 편에서 용량시장의 필요성을 보자. 발전소를 건설할 때 수조원의 돈이 들어간다. 그러니 발전소를 열심히 돌려서 전기를 팔아 은행에 이자도 내고 이런 저런 투자비를 뽑아야 할 것이다. 그런데 LNG발전소와 같이 연료단가가 높은 발전기는 매일매일 에너지시장 입찰에 참여하여 전기생산하겠다고 열심히 투찰을 해도 낙찰이 잘 되지 않는다. 연료단가가 낮은 발전기들이 먼저 버리기 때문이다. 그 이상의 발전이 필요한 한여름, 한겨울 수요가 급증할 때나 몇 번 낙찰될 뿐이다. 전기를 만들어 팔아야 돈을 벌지, 돈도 안 되는 발전사업을 누가 하며 발전소는 누가 짓겠는가? 너도나도 짓지 않으면 전력거래소가 큰일이다. 그래서 전력거래소에서는 급전요청시 상시 발전이 되도록 대기하고 있는 것의 가치를 인정해준다. MW 단위의 발전기가 30여년을 그렇게 대기하면 초기 투자비의 상당부분을 해결할 수 있다. 발전기가 열심히 가동되어 전기를 생산해서 수익을 얻지 못하더라도 발전소를 짓는 투자비에 대한 부담해소는 어느 정도 보장된다. 물론 항시 생산할 준비가 되어있는 또 필요시 언제든 가동될 수 있는 발전기여야 하는 것은 기본이다. 이렇게 발전소는 준비되고 우리나라 전력수요를 충당할 뿐만 아니라 수요예측오차에 대한 대비도 한다. 낙찰되어 전기를 생산하는 발전기 외의 발전기들이 비상대기 또는 예비발전기라고 볼 수 있다. 많을수록 여유가 있는 것이다. 앞의 [그림 2-1]의 제일 위쪽 파란색 선과 검은색 선 사이의 흰 바탕이 바로 예비발전기 영역이다. 이 여유의 정도를 전력예비율이라고 한다. 전력예비율이 필요한 이유는 수요예측이 정확할 수 없기 때문임을 우리는 이미 잘 알고 있다. 그렇다면 어느 정도의 예비율이 안심할 만한 수준인가?

우리나라는 2014년 여름 이후 설비예비율을 15%이상으로 꾸준히 유지하고 있다. 구체적으로 최대전력시 설비예비율은 2013년 12.8%, 2014년 16.3%, 2015년 18.3%, 2016년 17.6%였다. 이는 전력수요 대비 발전설비공급이 빠르게 증가되었기 때문이다. 2012년부터 2016년 사이 최대전력수요 증가율이 3.1%인것에 비해 발전설비용량 증가율은 5.9%였다.

해외 주요국의 전력설비예비율을 보면 이탈리아는 136.2%까지이며 미국은 38.1%이다. 최근 대만의 예비율이 10.4%대로 전력수급 불안정을 우려하고 있다. 참고로 우리나라와 비교하여 해외 주요국의 최대전력은 아래의 표와 같다.

[표 2-4] 전력소비량 전망모형별 개요 (단위: GW))

국가명	1990년	2000년	2010년	2015년
미 국	546.0	678.4	768.0	782.5

국가명	1990년	2000년	2010년	2015년
일 본	143.7	173.1	177.8	159.1
프랑스	63.4	72.4	96.7	91.6
대한민국	17.3	41.0	71.3	78.8
이탈리아	36.3	–	56.4	60.5
영 국	54.1	58.5	60.9	52.8
터 키	9.2	19.4	33.4	43.3
멕시코	–	27.4	39.9	41.8
스페인	25.2	33.2	44.1	40.3
호 주	25.0	33.6	42.1	38.8

(출처 : IEA, Electricity Information 2017 (우리나라는 한국전력통계 기준))

우리나라는 8차 전력수급계획에서 2031년 22%로 발표하였다. 이는 최소예비율 13%에 불확실성 대응 예비율 9%를 고려한 것이다.

[표 2-4] 연도별 적정 설비 예비율   (출처: 산업통상자원부)

구분	'18~'25년	'26~'31년
적정예비율	19%	22%

최소예비율이란 발전원 구성, 발전기별 특성, 석탄화력발전 성능개선, 재생에너지 변동성 대응 등을 고려하여 수리적으로 산정한다. 이를 위해서는 발전기별 고장정지확률 및 예방정비일수, 석탄화력 성능개선 일정 등을 근거하여 공급신뢰도를 만족하는 연도별 예비율을 따져봐야 한다. 또한 풍력이나 태양광 등 재생에너지의 출력변동, 특성상 예측 불활실성을 보완하기 위한 예비설비까지 고려한다.

불확실성 대응 예비율이란 연도별 수요 불확실성, 발전설비 건설시 발생할 수 있는 공급지연까지 생각한 수치이다. 7차 전력수급계획에서는 이를 7%로 하였으나 갈수록 불확실성이 커지는 구조로 8차에서는 9%로 상승하게 되었다.

2031년까지의 미래특정시점의 예비율 22%라 함은 최대전력수요 대비 필요한 예비전력설비의 비율이므로 당연히 그 근거는 최대전력 전망에 기초한다. 아래의 표는 우리나라 중장기 전력소비량 및 최대전력 목표수요를 예측한 것이다. 목표수요라 함은 경제성장률, 인구상승률 등을 고려한 기준수요(BAU : Business as Usual)에서 수요관리량을 제외한 것에 기타요인(전기차, IoT 등)을 더한 것이다. 2018년은 하계 86.1GW, 동계 87.2GW로 본다. 전력소비량은 519.1TWh이다. 2025년이 되면 하계 94.4GW, 동계 96.7GW를 예상한다. 전력소비량은 570TWh까지 늘어날 것으로 본다. 2030년에는 드디어 동계피크가 100GW를 넘어서는 100.5GW를 예상하며 바로 다음해이니 2031년은 101.1GW를 보인다. 하계피크도 동계보다 큰 폭은 아니지만 매년 0.9%의 증가율을 보여 2031년은 98GW가 될 것으로 본다.

[표 2-4] 중장기 전력소비량 및 최대전력 목표 수요   (출처: 산업통상자원부)

구분	전력소비량(TWh)	최대전력(GW)	
		하계	동계
2018	519.1	86.1	87.2
2025	569.8	94.4	96.7
2030	579.5	97.5	100.5
2031	580.4	98.0	101.1
평균 증가율	1.0%	0.9%	1.3%

이런 예상을 기초로 22%의 예비율을 확보하기 위해서 추가 건설해야

하는 발전소의 규모는 바로 계산된다. 이탈리아의 경우처럼 100%를 넘는 여유발전용량을 확보하는 것이 가장 안전하겠지만 엄청난 투자비용과 전기요금 부담이 뒤따른다. 그렇다고 대만이나 그 이하의 예비율을 확보해선 발 뻗고 잠을 잘 수 없을 것이다. 적정한 예비율을 정하는 것은 항상 고민이다. 세상만사가 선택의 문제이고 선택의 귀로에서 결정하며 살아가는 것이니 이 또한 책임 있는 그들이 몫이라고 보면 될 것이다. 그러나 정말 내가 신경 쓰지 않아도 되는 그들만의 몫이 맞는지 자꾸 뒤를 돌아보게 된다.

 여기서 잠깐!

때마다 신문에 오르는 전력수급기본계획이란?

전력수급기본계획의 목적은 중장기 전력수요 전망 및 이에 따른 전력설비 확충을 위함이다. 중장기라 함은 향후 15년을 말한다. 이는 전기사업법 제25조 및 시행령 제15조에 근거하여 2년을 주기로 수립한다. 8차 전력수급기본계획은 2017년부터 2031년까지의 계획이다. 주요내용으로는 직전 차수의 계획에 대한 평가, 장기 수요전망, 수요관리 목표, 발전 및 송변전 설비계획, 온실가스 감축노력 등이다. 수립절차는 워킹그룹을 통한 실무안을 마련하며 관계 각 부처협의 후 정부 초안을 마련한다. 이를 가지고 국회 상임위 보고를 하며 공청회를 거쳐 전력정책심의회를 통해 확정한다.

8차 전력수급기본계획에서 4차 산업혁명과 접목한 수요관리 이행력 확보라는 측면을 눈여겨볼 필요가 있다. 기존 발전소 건설 위주의 수급정책을 수요관리 중심으로 전환하기 위해 다양한 수요관리 수단을 확대하겠다는 의지이다. 활성화 되고 있는 자가용 태양광, 수요자원 거래시장 자원을 기존 발전계획과 동등하게 반영하겠다는 것이다. 또한 그간 검토만으로 지체되었던 에너지 효율향상 의무화제도 (EERS : Energy Efficiency Resource Standards) 등을 적극 도입하고 실행하겠다는 의지를 표명했다. EERS는 에너지공급자가 고효율기기 보급 등을 통해 판매전력의 일정비율 만큼 절감량을 실현하도록 의무화하는 제도이다. 4차 산업혁명 측면의 IoT, 빅데이터 기반의 에너지관리시스템 (EMS : Energy Management System) 등 수요관리 인프라를 확대하여 소비자의 합리적 전력사용을 촉진코자 한다.

4. 배추와 전기가 다른 점

왜 갑자기 배추와 전기란 말인가? 농수산물시장의 배추를 생각해보자. 배추시장은 꽤 똑똑하다. 왜? 여름에 홍수가 와서 배추농사가 망하게 되었다. 배추 공급량은 턱없이 부족하고 공급에 비해 수요는 급증했다. 배추가게 앞에는 배추를 사겠다고 사람들이 줄을 선다. 명절 기차표를 사는 것도 아니고 배추 한포기 구하기가 쉽지 않다. 그렇다고 총칼을 들고 난동을 부리지는 않는다. 배추공급의 문제가 간혹 발생하지만 아직까지는 '배추가게 습격사건'이 일어났다는 소문은 듣지 못했다. 배추뿐만 아니라 조류독감으로 계란 값이 폭등한 적이 있었다. 계란 구하기가 하늘의 별따기였다. 그 때에도 '계란가게 습격사건'이 일어나지는 않았다.

대신 어떤 일이 일어났나? 배추 값이 폭등했다. 사람들은 가격이 너무 높아서 배추가게에서 고개를 돌린다. 무를 사서 깍두기를 만들어 씹으며 입맛을 달랜다. 김치는 김치니까. 그래도 배추 비슷한 것을 먹어야 겠다는 사람은 양배추를 산다. 실제 배추 값이 폭등했을 때 양배추가 많이 팔렸다고 한다. 그래도 배추를 꼭 먹어야 하는 사람이 있다. 나이 드신 병중의 노모가 배추 겉절이를 먹고 싶다고 하면 몇 십 배의 값을 치러서라도 배추를 사오고 만다. 어쨌건 우려스러웠던 배추를 쟁취하겠다는 전쟁은 일어나지 않는다. 가격이라는 시그널이 작동함으로 수요와 공급의 밸런스가 맞아 떨어졌기 때문이다.

얼마 전 계란파동이 있었을 때의 일이다. 분식점에서 혹시나 하는 마음으로 "계란말이 김밥 되나요?"하고 물어보았다. 된다고 자신 있게 이야기 하셔서 맛있게 먹었다. 다음 날도 아이들과 그 집에 갔다. 저는 "계란말이 김밥주세요."했더니 "안 돼요!"라는 싸늘한 답변이 돌아왔다. 썰렁하게 참치김밥에 라면을 먹었다. '역시 라면엔 참치김밥이야'라는 표정을 흘리면서. 계란가격은 하늘을 찔렀지만 소비자들이 계란을 못 먹어 한이 맺힌 것은 아니다. 혹시 한이 맺힌 사람이 있다면 비싼 값을 지불하기만 하면 얼마든지 한을 풀 수 있다.

똑똑한 배추시장과 똑똑한 계란시장은 참으로 스마트하다. 어떻게 이렇게 똑똑해질 수 있었을까? 공급자와 소비자의 양방향 소통이 가능했기 때문이다. 홍수나 가뭄으로 배추생산량이 급감한 정보와 가격이 폭등한 사실이 TV나 신문을 통해 소비자에게 알려진다. 공급자도 소비자의 반응과 행동패턴에 따라 가격을 조정할 수 있었다. 이처럼 수요와 공급이 가격과 시장이라는 시스템에 의해 놀랍게 조절되었다. 누군가 뒤에서 보이지 않는 손으로 마술을 부린 것처럼 말이다.

그러나 전기는 배추나 계란시장처럼 똑똑한 시장이 만들어지지 못했다. 공급과 소비의 상호 소통이 불가능했기 때문이다. 전기 가격은 정해져있고 소비자는 반응할 필요가 없다. 다시 2011년 9월 15일이 다시 생각난다. 9월 13일은 무슨 날인가? 그날까지 추석이었다. 9월 14일은? 추석 다음 날이다. 보통 공장이나 큰 회사들은 추석 다음날 까지 쉬는 경우가 많다. 먼 고향길을 다녀오라는 배려이다. 그리고 9월 15일 연휴가 끝나고 일제히 출근했다. 날씨도 살짝 더웠다. 전력사용량이 급증하였다. 그 날이 바로 순환정전일이다.

1+1=2, 100-1=99이다. 아주 쉬운 산수다. 한국전력거래소가 회사홍보를 했던 내용 중 이런 것이 있다. 365-1=0. 좀 이상한 산수이다. 전력을 책임지고 있는 기관에서 365일 중 하루라도 문제가 생기면 그것은 364일은 괜찮은 것이 아니라 모든 것이 끝난다는 메시지를 담은 뺄셈이다. 실제로 전력계통이 붕괴되는 블랙아웃이 발생하면 국가전체가 수개월 아니 수년간 마비될 수도 있다고 한다. 무시무시한 일이다. 바로 9월 15일이 그럴 수 있는 위급한 날이었다. 그런데 그 날이 살짝 더웠을 뿐 한 여름 같은 더위일리 없다. 우리나라가 이 정도의 가을 더위에 대한 대비도 없다는 말인가? 그럴 리 없다. 사람도 일만할 순 없고 좀 쉬어야 한다. 하루 고생하고 저녁에 와서 쉬고 잠을 자야 내일 새 힘을 얻어 일할 수 있다. 한 주 열심히 일하고 일요일에 쉼을 얻어야 몸과 마음이 새로워진다. 여름이나 겨울에 휴가를 얻어 자연을 만끽하며 평소 하고 싶었던 일을 마음껏 할 때 충전이 된다. 기계도 그렇다. 너무 무리하게 돌리다보면 과부하가 걸리고 결국 고장 난다. 중요한 설비이고 평상시 계속 가동되어야 하는 설비가 갑자기 고장 나서 정지하면 큰 일이다. 발전소가 그렇다. 그래서 발전소도 쉽이

필요하고 유지보수 등을 통해 건강한 상태를 유지시켜야 한다. 일년 중 발전소가 쉬기 좋은 때는 전기사용량이 가장 낮은 때이다. 그래서 많은 발전소들이 이 시기에 유지보수를 받으며 쉰다. 우리나라 전력 공급능력이 가장 낮은 때가 바로 추석 즈음의 기간이다.

그런 때에 예측했던 수요를 훨씬 벗어나는 일이 발생하고 말았다. 대기상태의 예비 발전기로도 대응이 안 될 정도였다. 전기는 배추나 계란처럼 다른 것을 먹거나 잠시 안 먹어도 되는 것이 아니다. 꼭 그것을 먹어야 하는 것이다. 눈에 보이는 물건이라면 힘쎈 놈이 가져가서 다 써버리고 힘없는 약자는 사용할 것이 없어 못쓰고 말텐데 그런 것도 아니다. 눈에 보이지 않는 전기는 특성상 수요가 있으면 계속 공급하게 되고 공급능력을 지나치게 초과하는 순간 바로 발전소와 송전/배전선로 등의 계통붕괴가 시작된다.

이렇게 급박한 상황인데도 사용자는 어떠한가? 일례로 어떤 사람이 친구에게 말한다. "지금 전기가 부족해서 난리가 났대!" 친구가 듣고 "그래, 무슨 일이지? 빨리 TV 켜보자." "인터넷 들어가서 뉴스를 봐야겠네!" 전기사용량은 더욱 늘어난다. 쓰던 전기도 줄여야 하는데 이게 무슨 일이란 말인가. 전기가 배추나 계란처럼 스마트했다고 가정해보자. 전기 값은 보통 싼 시간대에 kW 한시간당 60원, 가장 비싼 시간에 kW 한시간당 190원이다. 그런데 공급이 극도로 부족할 때도 가격은 그대로이다. 사람들의 궁금함을 풀어주기기 위해 전기사용량은 더욱 늘어난다. 전기 소비를 줄여야 할 긴박한 상황인 것을 누가 정확히 알려주거나 그래서 어떻게 해야 하는지 아무런 말이 없다.

그런데 만약 그 시간의 전기가 kW 한시간당 10,000원이 된다면 어떤 일이 생길까? 사람들은 놀라서 플러그를 뽑을 것이다. 좀 불편해도 조명을 끄고 에어컨이나 히터를 과감히 꺼버린다. 상황이 더 심각해져서 kW 한시간당 100,000원이 된다면 또 어떤 일이 생길까? 냉장고도 끈다. 냉장고 안의 야채나 반찬이 상해서 버려도 몇 만원 안 될테니 말이다. 이미 어둡고 뜨거워진 곳에서 올빼미처럼 있지 않고 밖으로 나와 버린다. 빌딩이나 공장도 공정을 정지하거나 조업조정에 들어갈 것이다. 공정이 너무 중요해서 kW 한시간당 100,000원 이상의 부가가치가 있는 공장, 또는 손실이 kW 한시간당 100,000원을 초과하는 곳은 계속 전기를 사용할 것이다. 그런 곳은 많지 않고 또 그런 곳에서 큰 가격을 지불하고 쓸 만한 전기는 충분히 공급이 된다. 자연스럽게 공급과 수요의 밸런스가 생긴다. 누군가 마술을 부린 것처럼 계통의 문제가 사라지기 시작한다. 공급의 부족으로 365-1=0인 위기상황은 자연스럽게 해결된다. 전기가 농수산물 시장의 배추나 계란처럼 똑똑해지는 순간이다.

5. 나는 밤에 세탁기를 돌린다

노트북을 장만하려고 인터넷을 이리저리 뒤져보았다. 가장 마음에 드는 모델을 정했고 가장다. 싸게 파는 매장을 찾아 다녔다. 그 매장은 11번가에도 있고 쿠팡에도 있고 G마켓에도 있었다. 그 중 가격이 가장 저렴한 곳의 장바구니 단추를 꾹 눌렀다. 약간 더 고민도 하고 바쁜 일도 있어서 다음 날 오후에 사려고 들어가 보았다. 앗! 가격이 올라버렸다. 여기저기 다시 검색했는데 전체적으로 올랐다. 지금 상태에서는 차라리 다른 매장의 물건이 저렴해졌다. 그곳의 장바구니를 누르긴 했지만 지금 사야하나 말아야 하나 고민 된다. '어제 바로 샀어야 했는데….' 후회를 하면서도 '내일은 다시 떨어지지 않을까?'하는 기대로 구매하기 버튼은 누르지 못했다. 이러다가 신모델이 출시되는 것 아닌가 자조하며 로그아웃한다.

노트북 같은 가전제품도 이렇게 실시간으로 판매가격이 바뀌는 세상이다. 주식시장에서 실시간으로 변하는 그래프를 보는 사람은 어떨까? 회사의 가치가 순식간에 변화무쌍하게 변하는 것을 보며 긴장감이 생길 것이다. 그렇게 보면 기온도 매일 실시간으로 변한다. 미세먼지나 황사지수는 더 빠르게 변한다. 내 얼굴이나 건강도 이렇게 실시간으로 변화하고 있을 텐데 하는 생각에 이런저런 생각이 든다.

세상은 변한다. 온라인의 노트북처럼 농산물시장의 배추 값처럼 실시간으로 변하는 전기요금을 생각해보자. 수요와 공급에 의해 움직이는 시장중심의 전기요금은 어떤 일을 만들까?

(출처: 산업통상자원부)

[그림 2-5] 실시간 소비와 요금 개념도

위의 그림은 스마트그리드 사례의 대표적인 그림이다. 왼쪽이 전력공급자의 영역이고 오른쪽은 전력소비자이다. 공급자와 소비자 사이에 원이 있고 주고받는 그림이 있다. 가운데 지능형전력망, 스마트그리드가 있다. 스마트그리드는 어떤 제품이나 서비스라기보다 '인프라'이다. 오른쪽 에너지 소비자의 전기사용이 갑자기 늘어났다면 공급측면에서 추가로 전기를 더 생산하기 위해 발전기가 추가 투입된다. 연료비가 조금이라도 비싸서 사용하지 않았던 발전기였다. 전기생산의 원가는 올라가게 되고 원가상승은 실시간 요금상승으로 이어진다. 이는 IT에 의해 소비자와 공유되며 소비자는 요금상승을 보며 당장 전기사용을 꺼린다.

여름철 퇴근해서 목에 땀과 때가 낀 와이셔츠를 세탁하려 한다. 내일 출근할 때 입고 가야하니까. 세탁기에 빨래를 넣고 돌리려고 시작 버튼을 누르려는 순간, 지금 전기사용자가 집중되어 요금이 꽤 높아짐을 확인한다. 버튼을 누르려던 손가락을 접으며 고민한다. '꼭 지금 빨 필요는 없지, 내일 아침에 입고 갈 옷인데. 이따 저녁 늦게 요금이 떨어지면 빨자.' 똑똑한 생각이다. 그런데 모두 똑똑한 생각을 해버린 것이다. 늦은 저녁이 오고야 말았다. 똑똑한 사람들이 미소를 띠며 세탁실로 걸어온다. 하나 둘 세탁을 시작하고 사용량은 집중되어 오히려 아까의 요금보다 지금요금이 더 높아진다. 다시 고민한다. '새벽에 일찍 일어나서 빨까?' '우선 세탁만 하고, 건조는 새벽시간으로 예약해놓을까?' 세탁기에서 셔츠를 꺼내 빨래비누를 문지르며 손빨래를 하는 사람도 있을 것이다. 어떤 사람은 '돈 많이 벌면 되지, 그냥 세탁기 돌리자', 어떤 사람은 '찝찝하지만 하루 더 입자', 또 어떤 사람은

'내일은 꽤 중요한 미팅이 있으니 깨끗한 와이셔츠의 가치가 높아. 이 정도 요금을 낼만한 날이야'하며 비싼 전기를 먹으며 돌아가는 세탁기를 여유 있게 바라본다.

미국의 슈퍼볼 빅게임을 할 때는 국가 전력이 피크상황을 보인다. 모든 사람이 TV 앞에 앉아서 경기를 본다. 수시로 냉장고 문은 열었다 닫으며 맥주가 공급된다. 1년에 단 한번뿐인 경기를 놓칠 수 없다. 전기요금이 비싸다고 김새게 내일 승자와 패자를 알고서 녹화경기를 볼 것인가? 전기요금을 생각하며 김새게 냉장고를 끄고 미지근한 맥주 한 캔을 마실 것인가? 공급자는 슈퍼볼을 예상하며 발전기를 충분히 준비하고 비싼 연료의 발전기까지 돌리며 비싼 요금을 받는다. 기꺼이 지불하는 비싼요금으로부터.

상대적으로 가을 밤에는 전기사용이 별로 없다. 분위기 잡기위해 셋톱박스를 켜고 음악방송을 이리저리 돌려본다. 전기소비가 있겠지만 전체 전력에 큰 영향을 주지 않는다. 냉방도 난방도 필요 없고 조명도 끄고 창밖의 선선한 가을 밤바람을 맞으며 별을 보는 시간이다. 머리 속은 추운 겨울 준비로 인한 스트레스로 복잡할지는 모르지만 말이다. 어쨌건 넓은 모니터 화면에서 멋진 배경과 함께 흘러나오는 이용의 '잊혀진 계절'을 한여름 낮 시간보다 훨씬 저렴하게 들을 수 있는 것은 분명하다.

수요측의 반응에 의해 요금은 달라진다. 가격은 가장 강력한 시그널로 수요와 공급의 밸런싱을 일으킨다. 효율적인 전력계통운영이 가능해진다. 거국적으로 전력계통운영을 생각하지 못하더라도 사람들이 전기를 안 쓰는 시간에 빨래를 세탁기에 넣고 '시작' 버튼을 누른다. 전기요금 떨어지는 소리와 세탁기 돌아가는 소리가 섞인다. 나는 오늘도 밤에 세탁기를 돌린다.

03

수요자원시장과
수요관리사업자

1. 인사동에 있는 수요관리프로그램
2. 봉이 김선달! 봉이 김선달?
3. 믿고 맡기는 신뢰성 수요관리
4. 줄일 전기를 매일 내다파는 경제성 수요관리
5. 기본자격, 입학시험 그리고 중간시험
6. 진화해가는 수요자원 그리고 시장

1. 인사동에 있는 수요관리프로그램

얼마 전 인사동에 갔었다. 오래되어 값어치 있는 골동품들이 많았다. 골동품을 사러갔다기보다 지하철 3호선에서 출구를 잘못 나오는 바람에 가게 된 것이다. 시간이 괜찮아서 둘러보았다. 오랜만에 옛날 사람이 되어 옛길을 걸었다.

수요관리프로그램은 4차 산업혁명 이야기가 나오면서 처음 생겨난 것이 아니다. 이미 20년, 30년 전부터 있어온 프로그램이다. 당시에는 계통안정화를 위한 프로그램으로 급할 때 활용하는 제법 유용한 것이었다. 2014년 수요자원시장이 개설되면서 서서히 사라지기 시작해서 지금은 골동품이 되어버렸다. 다음에 인사동에 오면 옛 수요관리프로그램을 보며 반가워하고 지나간 우리나라 전력산업의 향수를 느낄 수 있지 않을까싶다.

그러면 수요관리프로그램은 어떻게 생겨났을까? 한국전력은 우리나라 전기산업의 전체를 아우르는 기관이다. 단순히 전기를 판매하는 회사가 아니었다. 발전소도 그 안에 있었고 전력거래소와 같은 기능도 포함하고 있었다. 지금은 약간의 전력산업의 분업형태가 나타나 있기는 하다. 어쨌건 당시에는 전력계통의 안정화에 대한 책임이 있었다. 무리하게 발전소만 짓는 것이 아닌 수요측관리가 필요했고 당근을 통한 프로그램을 다음 그림과 같이 운영했다.

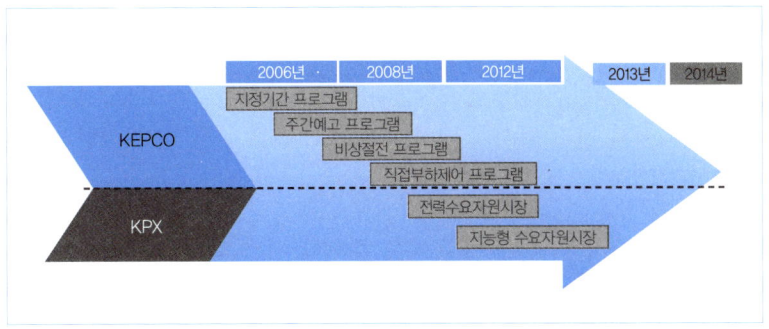

[그림 3-1] 수요관리 프로그램의 역사

대표적인 것이 지정기간제도이다. 과거의 이름은 하계 휴가·보수기간 조정제도라 했으며 1985년 생겨난 여러 프로그램 중 맏형이다. 1장에서 설명했으니 간단히 넘어가자. 여름휴가를 가는데 한전에서 원하는 때에 가고 인센티브도 받을 수 있으니 좋다. 국가에서도 전기가 부족할 때 대형공장 몇 개를 정지시킬 수 있으니 발전소에 여유를 가질 수 있다. 누이 좋고 매부 좋다.

주간예고 수요조정제도도 있다. 이는 2-3개월전 예측이 아니라 1주일 전에 하는 주간예측이다. 한주가 끝나는 금요일에 다음 주 전력상황을 예측해보니 수요일 오후 2시부터 4시까지 예비율이 매우 부족한 것으로 예상된다. 한전은 사전에 가입된 회원사들에게 연락한다. 수요일 오후시간에 미리 협의된 양의 전력감축에 참여해주면 인센티브를 주겠다고 말이다. 그렇게 참여하므로 국가에서는 예비율을 조금 더 확보할 수 있고 공장은 인센티브를 받게 된다. 특히 주간예고 프로그램은 요일에 따라 인센티브 금액이 달라진다. 왜 그럴까? 자세히 보면 월요일이 가장 높은 금액을 주고 점점 줄어들면서 마지막 날인 금요일의 금액이 가장 낮다. 요일이 전력상황에 어떤 영향을 주는 것일까? 월요일이기 때문에, 사람들이 월요병 때문에 전기 줄이기가 귀찮아서 그런 것이 아니다. 금요일이기 때문에 혹시 전기사용량이 적은 요일이어서 전기 줄이기 편하니까 돈도 적게 주는 것도 아니다. 보통 주간예고는 금요일에 차주 전력예비율 상황을 파악해서 알린다. 금요일 입장에서 다음 주 월요일은 준비할 시간이 매우 부족하다. 어떤 설비를 얼마나 어떻게 줄일지 검토하고 보고하고 결재할 시간이 없다. 그러니 참여하기 어렵고 참여할 공장과 건물이 적다. 그래서 인센티브를 많이 주는 것이다. 많이 주면 힘들더라도 적극적으로 참여하도록 유인할 수 있다. 금요일에 다음 주 금요일을 생각한다는 것은 한참 후의 일이다. 준비할 시간도 많다. 그러니 웬만한 공장과 건물을 참여가 가능하다. 그만큼 가치가 상대적으로 떨어진다. 가격도 같이 떨어지는 것은 당연하다. 참여할만한 수용가가 많으니 이 건물이 못해도 저 공장이 할 수 있다.

그 외에 직접부하제도, 비상절전제도 등과 같은 프로그램들이 개발되고 적용되었다. 특히 직접부하제도는 'Direct Load Control'이라고 해서 한전에서 비상시 직접 공장의 설비를 제어하는 것이다. 미국의 사례를 벤치마킹한 것으로 공장과 건물의 부하에 직접제어가 가능한 설비를 설치하고 통신을 통해 한전의 중앙통제센터로 연결한다. 사전에 제어해도 공정이나 쾌적성에 큰 문제가 없는 부하를 선별해서 설치한다. 설비설치비, 통신비와 실제로 감축하지 않아도 대기하고 있는 것에 대한 인센티브를 제공하며 감축에 따른 지원금도 추가 지급한다. 모든 수요관리 프로그램은 한전에서 주도하였는데, 직접부하제어는 에너지관리공단(現 한국에너지공단)과 같이 운영하도록 하였다. 보급 확대를 위해 그렇게 했으며 에너지관리공단에서도 지사를 통해 수많은 공장과 건물에 홍보 및 보급하였다. 당시 에너지관리공단은 사업자와 제휴를 맺었으며 이것이 현재의 수요관리사업자의 첫 모델이 되었다. 당시는 부하관리사업자라는 이름으로 활동했으며 미래 사업모델이라 보고 우리가 알만한 대기업들은 거의 참여했다. 부하관리사업자 협회도 발족하며 큰 기대를 가지고 시작하였다. 그러나 사업자 측면의 수익모델이 불분명하고 사업도 지속적이지 못해 흐지부지되고 말았다.

2. 봉이 김선달! 봉이 김선달?

2008년 에너지관리공단(現 한국에너지공단)이 하던 직접부하제어가 전력거래소로 이관되었다. 이 사건은 수요관리사업의 중요한 전환점이 되었다. 전력거래소는 프로그램을 재정리하며 전력수요자원시장이라는 새로운 이름으로 탄생시켰다. 전력수요자원시장도 역시 공장과 건물이 국가 예비율이 부족한 때 사용량 감축참여를 통해 누이 좋고 매부 좋은 일을 하는 것이다. 그런데 여기에 두 가지 대표적인 특징이 있다.

첫째는 인센티브 금액을 입찰을 통해 결정하는 것이다. 기존의 프로그램은 인센티브 금액이 고정되어 있었다. 전력거래소는 하루 전 또는 한 시간 전 입찰을 공고한다. 회원사들은 한 시간 내에 입찰에 참여한다. 이 때 감축가능한 양과 받고자 하는 금액을 제출한다. 전력거래소는 싼 금액을 제시한 수용가를 우선적으로 확보한다. 그리고 가장 마지막에 결정되는 수용가의 금액이 최종금액으로 결정이 된다. 이는 전력시장의 SMP결정방식과 동일하다. 기존 고정된 인센티브와 달리 시장에서 가격이 결정되는 스마트한 방식이 도입된 것이다.

둘째는 수요관리사업자가 정식으로 출범하였다. 다수의 수용가를 모아서 전력거래소에 회원사로 등록하여 사업을 하는 것이다. 정식으로 인센티브의 일부를 수수료로 취할 수 있다. 당시 기준 협약서에는 20%를 넘지 않도록 되어 있었다. 대형공장들은 직접참여해도 수억 원에서 수십억 원의 인센티브를 받았으니 그만한 부가가치가 있고 직원이 붙어서 일할 만하다. 그러나 건물단위에서는 감축참여할 양이 적고 금액도 몇 십만 원이 안 되는 경우가 많다. 그렇다고 건물들이 줄일 수 있는 것을 안 줄이는 것은 국가적으로 손해다. 단위건물은 작지만 수백 수천개의 건물이 모이면 크기 때문이다. 그래서 이렇게 모으는 회사, Aggregator가 필요하며 수요관리사업자가 이 역할을 하는 것이다. LG서브원이 1호 수요관리사업자로 등록하였으며 이후 몇 개의 사업자가 추가로 등록하였다.

2016년에 영화 봉이 김선달이 개봉하여 가족과 함께 보았다. 우리가 잘 아는 이야기에 CG가 추가되어 재미를 더했다. 어쨌건 봉이 김선달하면 대동강 물을 팔아먹은 이야기를 빼놓을 수 없다. 자기 강물도 아니면서 잘 포장해서 비싼 가격에 대동강을 팔다니 재주가 여간이 아니다.

그런데 수요관리사업자를 봉이 김선달에 비유하곤 한다. 초기에는 부정적인 면에서 이야기 되었다. 특별히 하는 것 없이 공장이나 건물과 계약한 것만 가지고 전력거래소에 등록해서 돈을 받으니 말이다. 계약한 내용도 유형의 물건을 만들어 공급한다는 것도 아니고 필요할 때 일정량의 전기사용을 줄이겠다는 것이다. 대동강을 팔아넘긴 봉이 김선달보다 한수 위 같다.

그러나 사실은 그렇지 않다. 전력시장에서 정식 사업자로 인정받은 경우를 전제로 말하겠다. 사업자는 공장과 건물이 연중 언제나 줄이겠다고 담보할 수 있는 량을 분석하고 결정하도록 도와야 한다. 필요에 따라서는 전력계측기를 통해 패턴을 수집하고 검증해야 한다. 한국전력의 계측기 이외에 별도의 데이터수집장치가 필수적으로 설치되어야 하며 수많은 수용가의 데이터를 원격으로 계측하고 모니터링하고 저장·관리해야 하는 중앙관리시스템을 운영할 수 있어야 한다. 각 공장과 건물간의 포트폴리오를 통해 전력거래소에 등록된 자원이 실시간 문제가 되지 않도록 하는 일은 빅데이터나 AI의 개념접근이 필요하다. 사업자 입장에서 리스크 분산과 헷징(Hedging) 전략을 가져야 한다. 이에 대한 전문인력 양성과 투자가 필요하다. 이런 사업자가 손도 안대고 코를 푸는 측면의 봉이 김선달일 수 없다. 그러나 필자는 한편으로 스마트한 사업을 하는 봉이 김선달이라고는 말하고 싶다. 일상적인 레드오션에서 반복적인 경쟁을 하는 사업이 아니다. 4차 산업혁명에 어울리는 신지식인의 사업이며 다양한 경우의 수를 최적화하고 판단해야 하는 고도의 지식사업이다. 정보와 기술집약적인 블루오션을 선도하는 사업이라는 면에서 봉이 김선달, 아니 그를 뛰어넘는 떳떳한 4차 산업혁명, 미래에너지 전환시대의 떳떳한 봉이 김선달이 아닐까 싶다.

2008년 봉이 김선달이라고 할만한 수요관리사업자가 태동은 했지만 아직 사업자 입장에서 아쉬운 것이 많았다. 대표적인 것이 사업의 불확실성이다. 실제로 이 프로그램을 거래소가 운영한지 몇 년이 안 된 2011년 여름에는 비가 많이 오면서 여름에 예비율에 전혀 문제가 없었다. 감축요청도 전혀 없었음은 물론이다. 이런 식이라면 수요관리사업자가 간판을 걸어놓고 사업을 한다 해도 수익이 전혀 없다. 감축지시가 와야 수요관리사업자가 확보하고 관리하는 공장과 건물이 전기를 줄이고 인센티브를 받을 수 있다. 그래야 사업자가 수수료를 얻을 수 있다. 감축지시의 불확실성은 사업의 불확실성으로 그대로 연결된다.

예측의 부정확성 여부로 곤란한 경우는 수요관리사업자 이전에도 대두되는 문제였다. 하계휴가기간 조정이라 할 수 있는 지정기간 수요조정제도를 이야기 했다. 6월경 8월의 전력상황을 예측할 때 8월 둘째 주 피크가 예상되었다. 예비율은 많이 낮아지므로 지정기간 수요조정제도 가동한다. 기본 협약이 되어있는 대형공장 중심으로 약정을 체결한다. 이렇게 수십에서 수백 MW의 여유를 확보하며 한숨을 놓는다. 드디어 8월은 오고 피크가 예상된 둘째 주도 어김없이 온다. 그런데 이게 웬일인가. 기상예측이 보기 좋게 벗어나고 말았다. 한여름 뙤약볕 것으로 예상되었는데, 태풍이 남서쪽에서 비구름을 몰고 한반도를 살짝 스치며 비켜가는 것이다. 태풍의 피해가 직접적으로는 없었지만 많은 양의 비가 뿌려진다. 더위는 한풀 꺾이고 예상과 달리 냉방부하는 크게 떨어진다. 전력계통과 운영측면에서는 여러모로 다행이긴 하다. 미리 준비해둔 공장과의 약정협약이 무색해지기는 했지만 말이다. 그러나 그렇게 끝날 일만은 아니었다. 약정은 했기에 공장은 사전에 협력업체 등 여러 가지 조율을 마친 8월 스케쥴을 그대로 가져가야 했고 한전은 약속대로 큰 규모의 인센티브를 지급해야 했다. 전력상황에 도움이 필요하지 않은 상황이었지만 말이다. 공장은 공장대로 애매하다. 비가 주룩주룩 내리는 기간에 가동을 멈추고 직원들은 휴가를 떠난다. 해외로 떠나면 모르겠지만 촉촉한 한반도에서 휴가를 보내기가 그리 즐겁지만은 않다. 그러나 약속은 약속이니 어쩌겠는가?

이처럼 2010년에 청운의 품을 꿈고 전력수요자원시장에 진입한 수요관리사업자는 예상된 리스크를 현실로 맞게 된다. 2012년 여름에 홍수기간이 길어지면서 예비율에 전혀 문제가 생기지 않아 전력수요자원시장이 한 번도 열리지 않고 말았다. 수요관리사업자의 매출 및 수익도 생기지 않은 것은 물론이다. 사업자는 리스크를 느낀다. LG서브원 1호 사업자 이후 IDRS, KT 등이 사업자로 들어왔으나 그들의 대부분은 사업의 신선함과 시너지, 미래모델에 관심이 있었다. 그에 비해 당장 돈을 벌어야 하는 사업자들에게는 관심거리가 되지 않는 사업모델이었다.

그러나 곧 수요관리사업을 전력시장의 일부분으로 인정해주며 안정된 수익구조를 기대할 수 있는 움직임이 생기기 시작한다. 이제 봉이 김선달, 전력 펀드매니저라는 이름값을 할 만한 모양새가 갖춰지고 있다.

개미들이여 모여라. 나는 전력펀드매니저

이후 전력거래소는 지능형DR이라는 이름으로 소규모 파일럿 프로그램을 시도하였다. 미약한 시작이었지만 2년간 실증을 거쳐 지금의 수요자원거래시장이 태동하는 창대한 일이 일어난다. 우선 지능형DR은 Auto-DR이라는 이름으로 거창하게 시작했으며 대표적인 특징으로 기본정산금이 있다는 것을 꼽을 수 있다. 전력거래소에서 신호를 보내면 바로 공장과 빌딩의 말단 설비가 제어되는 것이다. 통신방식은 국제기준인 OpenADR을 기준으로 한다. 예전의 프로그램 중에는 직접부하제어와 관련이 깊다.

여기서 먼저 설명해야 할 중요한 포인트는 '기본정산금'이다. 감축지시가 있건 없건 월별 기본정산금을 지급한다. 사업자들 입장에서는 상당히 반가운 프로그램이다. 게다가 당시 기본지원금은 65,000원/kW였고, 감축지원금은 500원/kWh이 넘었다. 감축횟수(기준에는 최대 60시간)를 고려할 때 기본지원금은 전체 금액 대비 80%가 넘었다. 그러니 사업자들의 수익모델이 불확실성에서 확실성으로 바뀌었다. 이전 전력수요자원시장에서는 사업자들이 3~4곳이 참여하며 분위기를 살폈지만, 본 프로그램에는 기존의 5배가 넘는 15~20개 사업자들이 자원을 모아 전력거래소에 등록했다. 다만 시범 실증사업이다 보니 내용과 예산의 제약이 있었다. 우선 수용가의 감축가능한 전력이 3,000kW 이상인 곳은 참여가 불가능했다. 대량감축이 가능한 대형

공장들은 대상이 되지 않았다. 그렇다면 기본지원금의 근거는 무엇일까? 이미 설명한 전력시장의 용량시장이 근거이다. 용량시장에서 발전기들이 생산할 준비를 하며 상시대기하고 있는 것에 대한 보상을 받는 것처럼, 전기사용을 줄일 수 있는 수용가들이 상시 줄이고자 대기하고 있는 것에 대한 보상을 동일하게 받는 것이다.

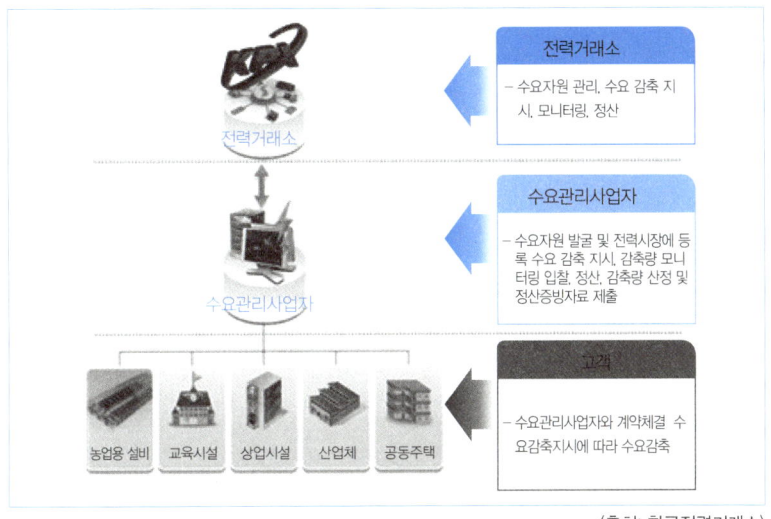

(출처: 한국전력거래소)

[그림 3-2] 수요자원 거래시장 사업의 구조

다음은 Auto-DR이다. 그러나 원격에서 자동으로 제어를 하는 것은 예상했던 바와 같이 시기상조였다. 초기엔 Auto-DR로 자원을 내놓고 전력거래소에 등록하는 수용가는 거의 없었다. 전력거래소는 바로 Semi-DR이라는 이름의 대체방안을 내놓았고 기본정산금의 80%를 받도록 했다. 대부분의 공장과 건물이 Semi-DR로 접수하면서 프로그램이 활성화되었다. 20%의 지원금을 더 받을 수 있는 Auto-DR에 참여하는 자원들이 조금씩 생기기는 했다. 그러나 추가 설비투자가 필요한 경우가 대부분이어서 20% 더 받는 것으로 인한 경제성은 나타나지 않았다.

2014년 11월 25일은 특별한 날이다. 우리나라에 수요자원거래시장이 공식 출범한 날이기 때문이다. 공장과 빌딩이 국가 예비력에 여유가 없을 때 전기사용을 줄이고 인센티브를 받는 것은 똑같은데 뭐 별다른 것이 있는가?있다. 그동안은 전력산업기반기금을 활용한 하나의 프로그램 수준이었다. 전력산업기반기금은 전기를 사용하는 모든 국민이 내는 세금이며 전기요금의 3.7%이다. 당장 이번 달 집에 날아온 전기요금 청구서를 보면 확인할 수 있다. 국가 전력계통 안정화에 사용하도록 되어 있으며 지금까지 설명한 수요관리프로그램에도 사용되어 왔다.

2014년에 출범한 수요자원시장은 전력산업기반기금을 활용한 하나의 프로그램이 아니다. 전력시장에서 발전기와 동등한 대우를 받으므로 시장에 흐르는 돈을 받는 하나의 사업이다. 수요자원거래시장의 내용은 지능형DR을 개선하여 규모를 확대한 것으로 보면 된다. 기존 지정기간, 주간예고 수요조정제도 등의 프로그램들을 바로 없애지는 않았다. 그러나 대부분의 수용가가 기본지원금이 보장되어 있고 여러 면에서 안정화된 지금의 사업에 참여하면서 유명무실해졌다. 2018년 현재는 3,500여개 수용가가 수요자원거래 시장에 참여하고 있다.

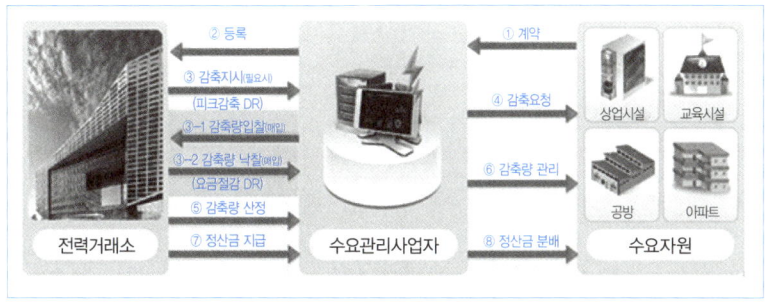

(출처: 한국전력거래소)

[그림 3-3] 수요자원 거래시장 거래절차

3. 믿고 맡기는 신뢰성 수요관리

이미 설명한 것처럼 수요관리는 수요측에서 사용량을 조절하여 공급의 부족을 해결하는 것이다. 이를 위해서는 공급이 부족한 시점과 그 시점에 맞춰 사용량을 줄여야 하는 수용가가 있어야 한다. 공급이 부족한 시점을 예측하고 실시간 파악하여 알리는 전력거래소, 상시 대기하고 있다가 1시간 내 약속된 감축을 시행하도록 관리하는 수요관리사업자 그리고 실제적 감축참여를 하는 수용가와의 조화가 이루어져야 한다.

지금부터는 2014년부터 운영되고 있는 현재 수요자원거래시장의 기본적인 골격을 설명하고자 한다. 수요자원거래시장은 신뢰성DR이라고 말해도 과언이 아니다. 신뢰성DR이란 피크감축DR로 불리며 2장에서 설명한 전력시장의 용량시장을 기반으로 한다. 용량시장에 발전기들이 등록하고 대기하므로 용량요금(CP : Capacitiy Payment)를 받고 있다. 발전기와 등등하게 마이너스발전기(이해하기 쉽게 표현한 것이며 정식 운영규칙 용어는 수요반응자원이다)를 용량시장에서 활동하도록 인정해준 것이다. 피크감축DR로 들어가기 전에 마이너스발전기의 개념을 알아보고자 한다.

수요반응자원이라고 쓰고 마이너스발전기라고 읽는다

VPP(Virtual Power Plant)란 가상발전기를 말한다. 개념이 모호하긴 하지만 해외에서는 자주 언급되는 내용이다. 한 공간에 물리적인 형체를 가지고 전기를 생산하는 것은 일반 발전기이다. .VPP는 여러 공간에 흩어져 있으나 논리적으로 하나의 형체를 가지며 발전기와 동등한 효과를 내는 발전기라고 볼 수 있다. 쉽게 생각하면 전국에 흩어져 있는 소규모 태양광발전소를 예로 들 수 있다. 각자 작은 발전기로서 역할은 하지만 전력거래소에 정식 중앙급전 수준의 발전기로 등록되거나 동등한 대우를 받을 수는 없다. 만약 흩어져 있는 소규모 발전기들을 통신으로 묶어서 가상이지만 논리적으로 분명한 MW단위의 발전기로 구성한다면 어떤가? 20MW가 넘으면 중앙급전발전기의 최소용량이 된다. 이를 전력거래소에 정식으로 등록하고 동등한 대우를 받는 것이다. 예를 들어 신재생 REC를 받는 대상이 된다. 이는 6장에서 추가로 설명하기로 한다.

수요반응자원도 일정 공간에 있는 대형공장이 줄일 수 있는 용량을 등록한 것이 아니다. 각 공장과 건물들이 줄일 수 있는 감축량을 모아 구성한 것이다. 물리적으로 같은 장소가 아닐 수 있다. 전국적으로 산재한 것을 통신으로 연결해 구성한다. 애초 한 공장에서 줄일 수 있는 양이 중앙급전 단위의 20MW 이상 될 수 없는 것 아니냐고 말할지 모른다. 그러나 대형공장은 50MW 이상의 전기를 줄일 수 있는 곳도 있다. 웬만한 소형 발전소급이다. 하지만 수요반응자원은 VPP 개념과 포트폴리오 개념을 도입한 것이기에 대형공장 하나로 승부를 거는 것이 아니다. 최소의 수요반응자원으로 인정받기 위해서는 감축이 가능한 공장과 건물 10개 이상으로 구성되어야 하며 감축가능한 양은 10MW이다. 2014년 시장을 설계할 때는 중앙급전발전기 용량을 생각해서 최소 20MW로 했다. 사업초기부터 무리한 용량이라는 사업자들의 애로사항을 받아들여 10MW로 시작했고 아직도 유지하고 있다. 10개소 이상이면 되지만 약간의 제약이 있다. 수요반응자원을 수도권과 비수도권으로 나누어 관리한다. 수도권 수요반응자원의 10개소의 수용가는 모두 수도권에 위치한 공장과 건물이어야 한다. 수도권이란 서울·경기지방을 가리킨다. 강남구 빌딩과 인천의 주물공장, 평택의 알미늄 공장, 남양주의 냉동창고는 같은 수요반응자원이 될 수 있다. 비수도권자원은 수도권을 제외한 곳에 소재한 공장과 건물로 구성해야 한다. 광주에 있는 조립공장과 강원도 시멘트공장, 울산의 화학공장, 대구의 방직공장은 같은 비수도권 수요반응자원으로 구성이 가능하다. 또 제주도의 양어장도 함께 참여할 수 있다. 단 제주도는 다음에 설명할 요금절감DR에서는 예외조항이 있을 뿐이다.

일반적으로 수요관리사업자는 하나의 수요반응자원의 수용가를 50~100 수준으로 크게 구성하기도 한다. 또는 수요관리사업자와 협약이 되어 있는 고객을 필요에 따라 별도 그룹핑하여 비수도권 1번 자원, 비수도권 2번 자원 등으로 나누어 가져갈 수 있다. 수도권 또는 비수도권의 모든 수용가를 하나의 수요반응자원으로 구성할 수 있지만 한편으로는 10개 이상이면 되니 10개 이상의 단위로 세분화하여 여러 개의 수요반응자원을 만들어 관리할 수 있다는 말이다. 그 목적은 사업자의 운영효율화를 위한 포트폴리오인 경우이다.

이는 발전사업자가 여러 개의 발전소를 가지고 있는 것과 같다. 전력시장에서는 한국수력원자력발전사나 수요관리사업자가 동등한 위치의 플레이어이다. 한국수력원자력발전사업자가 한빛원자력발전소와 고리원자력1호발전소, 2호발전소 등을 가지고 있는 것처럼 수요관리사업자가 여러 개의 마이너스 발전소, 그러니까 수요반응자원을 가지고 있는 것과 같은 맥락이다. 실제로 감축지시, 평가, 실적정산 등의 모든 작업은 개별 수용가나 수요관리사업자 단위가 아니라 개별 수요반응자원 단위로 이루어진다.

결과만 책임지는 포트폴리오 전략

굳이 10개 이상 수용가로 구성하는 이유는 무엇인가? 많은 분들이 질문하는 것 중의 하나이다. 아무 생각 없이 규칙에 정해져있으니 형식적으로 10개 이상 모아놓으면 될까? 물론 그러면 된다. 9개로는 수요반응자원이 될 수 없으니 말이다. 어쩌다보니 영업이 잘 되어 100개의 수용가와 계약이 되었다고 가정하자. 그 중에 수도권이 60개이니 부담 없이 하나의 수도권 자원을 만들면 된다. 또는 10개 수용가씩 모아 6개 자원을 만들 수 있다. 그렇게 모은다면 10개를 서로 도움이 되는 것끼리 모으는 것이 좋지 않을까? 이는 포트폴리오를 통한 최적 운영을 유도하기 위함이다.

포트폴리오(Portfolio)는 원래 '서류가방' 또는 '자료수집철'을 뜻한다. 일반적으로는 주식투자에서 여러 종목에 분산 투자함으로써 한 곳에 투자할 경우 생길 수 있는 위험을 피하고 투자수익을 극대화하기 위한 방법으로 불린다. 쉽게 말하면 우산장수, 짚신장수 또는 소금장수 이야기와 같은 것이다. 어느 집에 첫째 아들은 우산장수를 시키고 둘째 아들은 짚신장수를 시켰다. 비가 쏟아지면 우산이 잘 팔려 돈을 벌었다. 비록 짚신은 잘 안 팔렸지만 우산을 팔아 남은 돈으로 먹고 살 수 있었다. 장마기간이 그치고 햇볕이 쨍쨍, 뙤약볕이 되었다. 우산이 팔리지 않았다. 그러나 대신 짚신이 날개 돋친 듯이 팔려나갔다. 장마기간에 신세를 많이 진 둘째 아들이 짚신을 판 돈으로 형님과 가족을 부양하면 된다.

수요반응자원의 공장과 건물의 최적구성에 대한 신의 한 수는 포트폴리오이다. 전력거래소에서 모니터링 및 정산하는 것은 수요반응자원의 참여결과이다. 그 안의 수용가인 공장과 건물 개별에 대한 실적은 관심이 없다. 어디가 잘하고 어디가 못하고는 전력거래소의 관심사가 아니다. 전력거래소의 유일한 관심은 전력시장에 등록되어 활동하는 자원이 성과가 있느냐 없느냐이다. 실제로 시장에 기여를 했는지 판단하며, 이를 기준으로 정산금을 주거나 위약금을 부과하는 행위를 한다.

쉽게 예를 들어 전력거래소에 등록된 발전소들은 어떠한가? 발전소가 공급하기로 한 전력을 제대로 공급했는 지만 확인하면 된다. 그 발전소 안에 어떠한 문제가 생겼는지는 중요하지 않다. 발전소에서 좋은 기름을 썼는지 흔히 말하는 물 탄 기름을 썼는지도 중요하지 않다. 물 탄 기름을 썼다고 물 탄 전기가 나오는 것은 아니기 때문이다. 그런 행위는 발전기 자체에 손상을 끼칠 뿐이지 전력거래소가 구매하기로 한 전력에 영향을 주지 않는다. 수요반응자원은 자신이 연중 책임지고 대기하며 필요시 감축하기로 한 용량을 지켜주면 된다. 이에 대한 기본정산금과 감축정산금을 받는 것이다. 수요관리사업자의 목표는 수요반응자원을 전력거래소가 원하는 수준의 품질로 유지하는 것이다. 이를 위해 수용가를 관리하는 것이고 이에 대해서는 전폭적인 자율성을 보장받았기에 비용대비 최대의 효과를 낼 수 있는 효율적인 관리를 할 수 있다. 여기에 수요관리사업자의 차별 경쟁력이 나오는 것이다. 안정적인 수용가 관리와 리스크를 최소화를 바탕으로 수익최대화 모델을 찾는 것이다.

모든 공장과 건물이 정해진 양을 정해진 시기에 감축한다면 포트폴리오는 큰 의미가 없다. 공장과 건물의 산술적인 합이 수요반응자원일 뿐 그 이상도 그 이하도 아니기 때문이다. 그러나 어떤 공장이나 건물도 정해진 감축량을 일 년 내내 꾸준히 지키는 것은 불가능하다. 1년은 3계절로 나뉘고 계절마다 수주물량이나 생산량이 달라진다. 한 계절은 4개의 월로 구성되어 있고 직원들의 업무패턴이나 공정운영이 달라질 수 있다. 1개월은 4개의 주로 나뉘어 월초와 월중, 월말로 나뉘며 생산 활동에 차이가 생긴다. 한 주도 7일로 나뉘고 영업일인 월요일부터 금요일도 제각각 다를 수 있다. 그런데 이런 공장과 건물이 일 년 내내 평일기준 09시부터 20시(점심시간 제외)까지 언제나 지킬 수 있는 감축량을, 그것도 일 년 전에 정해서 계약 및 등록을 할 수 있을까? 불확실성이 커도 너무 크다.

그래서 포트폴리오로 접근하는 것이다. 그러나 아직까지 많은 사업자들의 수요반응자원이 이렇게 구성되어 있지는 않다. 고객과 일 년 책임지겠다는 감축량의 합으로 자원을 구성하여 등록한다. 예상하시다시피 많은 리스크가 내재되어 있다. 감축발령이 많이 일어나지 않을 때는 문제가 드러나지 않지만 감축발령이 잦거나 연속적으로 일어날 때 속에서 곪아있던 리스크는 터지고 수요관리사업자가 받게 되는 타격은 상상이상일 수 있다.

다양한 수용가를 싸 맞추는 어른 레고

수요반응자원이라고 예비율이나 수요예측 오차, 직전년도 피크경신 등에 따라 연중 허구한 날 감축발령이 나는 것은 아니다. 그러면 제 아무리 생산을 줄일 수 있는 공장이라도 며칠사이에 나가떨어질 것이 뻔하다. 전력거래소에서도 매번 감축지시를 할 필요가 없다. 플러스 발전기를 잘 사용하고 연중 필요한 타이밍에 마이너스 발전기를 효과적으로 사용하는 것이기 때문이다. 그래서 운영규칙에는 수요반응자원 단위로 연간 60시간을 상한선으로 규정하였다. 8,760 시간 중 해당되지 않는 토요일, 공휴일, 그리고 평일 저녁 9시부터 아침 8시까지, 점심시간인 12시부터 13시까지를 제외한 2,400여 시간 중 60시간이다. 2.5%에 해당하는 시간이다. 그러나 이는 2,400여 시간에 해당하는 연중 언제가 될지는 알 수 없다.

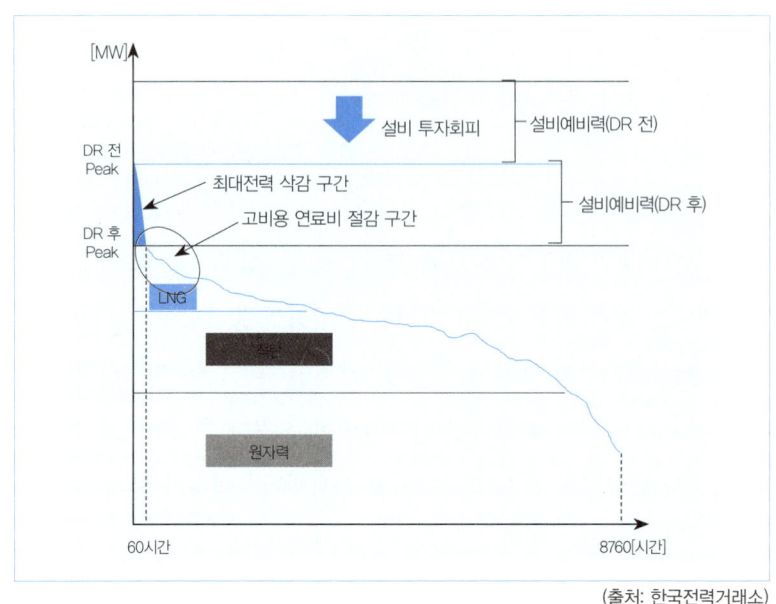

[그림 3-4] 피크감축DR 효과

알 수 없는 것은 감축지속시간도 마찬가지이다. 2017년 6월에 중소형DR이 생기면서 소폭 수정이 된 것이 표준DR을 기준으로 볼 때 1시간에서 4시간이다. 15분 단위로 지시가 내려지니 감축요청이 9시부터 11시 30분까지 2시간 30분 감축으로 올 수 있다. 최소 1시간 이상이니 30분이나 45분 감축요청이 오지는 않는다. 4시간까지이니 4시간 30분간 줄여달라는 말도 올 수 없다. 2017년 여름에는 4시간 감축지시가 내려온 적도 있다.

그런데 문제는 4시간씩 줄이기 어려운 곳이 많다는 것이다. 2시간까지는 얼마든지 제대로 줄일 수 있는데 4시간은 죽었다 깨어나도 안 된다고 하면 어떻게 해야 할까? 전력거래소는 4시간까지 요청할 수 있는데 만약 지시가 오면 이 수용가는 못한다고 할 텐데 말이다. 그러나 2시간까지는 아주 잘 참여할 수 있는 품질 좋은 수용가 인 것이 아쉽다. 이러지도 못하고 저러지도 못하는 것을 딜레마(Dilemma)라고 한다. 또 다른 경우도 있다. 어떤 공장은 1시간이고 4시간이고 언제든지 할 수 있는데 겨울철에는 죽었다 깨어나도 못한다는 것이다. 봄, 여름, 가을 다 좋은데 겨울은 안 된다니. 그래도 4계절 중에 3계절이 된다는 이야기이긴 하다. 계약서에 도장을 찍을까? 그러나 겨울에 감축지시가 나면 큰 손실이 생길 것은 눈을 보듯 뻔하다. 그런데 반대의 경우로 겨울은 시원하게 잘 줄여줄 수 있다고 하는데 여름은 안 된다는 곳도 얼마든지 있다. 실제 감축대상이 되는 부하설비 자체가 겨울철에만 가동되는 부하나 여름철에만 가동되는 부하인 경우는 말 안 해도 알 수 있다. 이미 꺼져있는 설비를 어떻게 더 끌 수 있겠는가? 이런 경우도 있다. 어떤 공장 사장님이 감축가능용량도 꽤 되는데 우리는 1년에 60시간은 말도 안 된다고 한다. 60시간은커녕 10시간도 무리라고 한다. 그러나 일 년에 한번은 틀림없이 '시원하게' 꺼주겠다고 한다. 언제가 될지 모르지만 한번 정도는 하늘이 두 쪽 나도 참여할 수 있다고 한다. 그러나 한번은 하늘이 두 쪽 나도 줄여줄 수 있을지 모르지만 감축지시가 두 번 나고 세 번 나면 사업자가 두 쪽 나버릴 수 있으니 어쩔 수가 없는 노릇이다.

이러한 딜레마는 수요반응자원의 속성을 모를 때 생기는 딜레마이다. 수요반응자원이 연중 불시에 60시간 감축의 약속을 지켜야 하고, 한번 수요감축 요청을 받을 때 4시간도 이행할 수 있어야 한다. 그러나 수용가의 모습은 다양하다. 마치 레고를 한 상자 사와서 방에 부어놓은 형세와 다름없다. 최종 완성도의 그림을 보면서 또 설계도를 보면서 조립을 시작해야 한다. 색깔별, 모양별로 이리저리 맞추어서 몇시간 혹은 밤을 새워 조립하다보면 멋진 우주선이 나오고 항공모함이 나온다.

수요관리사업자는 레고의 부품격인 공장과 건물의 특성을 정확히 이해하고 분석해야 한다. 또 전력거래소에 등록이 가능한 발전소인 수요반응자원의 최종모형을 상상해가며 특성별로 포트폴리오를 생각하며 짜 맞추어 나가야 한다. 전력거래소의 기준에서는 부품 자체는 요구사항을 만족시키지 못하지만 그러한 레고부품이 모인 완성품은 훌륭한 마이너스 발전기로 쓰일 수 있기 때문이다.

스마트한 수요관리사업자는 좋은 부품을 알아보고 특성을 살려고 훌륭하게 사용하지만 그렇지 못한 수요관리사업자는 다 만들어진 그러나 경쟁력이 없는 완성품만 찾으러 다닐 것이다. 물론 그들의 경쟁력 없음은 시간이 가면 갈수록 드러나고 시장에서 살아남기란 요원한 일이 될 것이다.

손해보는 장사가 어디있나

전력시장에서 용량시장은 발전기들이 대기하고 있는 것에 대한 대가를 받는 곳이다. 수요예측 오차로 급하게 급전이 필요할 때 언제든 연락하면 가동해줄 수 있으니 대가를 지불해도 아깝지 않다.

그러나 발전기가 장기간 유지보수에 들어가거나 문제가 생겨서 가동 정지되어 있는 경우는 대기할 수 없다. 갑작스런 급전지시에 대응할 수 없기 때문이다. 그러나 전력거래소가 모든 발전기 상황을 다 알 수 없으니 대기하겠다고 하면 그런 줄 알고 용량요금을 지급할 수 있다. 그런데 급전지시의 상황이 생겨 가동하라고 요청을 했을 때 가동을 못하면 이는 거짓으로 용량요금을 받는 문제가 생긴다. 당연히 패널티를 부과하고 경고조치를 한다.

수요반응자원도 동등한 발전기로 인정하여 용량시장에서 대기하고 있다. 필요한 상황에 수요감축 요청이 온다. 마치 대기하는 발전기에 급전지시가 떨어진 것처럼 말이다. 그런데 약속한 감축을 이행하지 못했다. 여러 이유가 있겠지만 결과적으로는 대기할 수 없었으면서 대기한다고 하며 용량요금을 받은 발전기와 다르지 않게 된다. 동일한 벌칙을 피할 수 없다. 이것이 수요반응자원의 위약금이다. 위약금은 연중 감축하기로 약속되어 등록된 용량에서 그 시점에 감축한 용량을 제한 값에서 시작된다. 그러니까 약속을 지키지 못한 용량이다. 전혀 참여하지 못한 곳은 약속된 용량 전체가 불이행 용량이 된다. 이 값에 위약계수인 2를 곱해서 두 배를 키우고 시간당 기본정산계수를 곱한다. 이는 월별 용량정산금을 5로 나눈 값이다. 보통 해당 월에 감축요청 3시간을 참여하지 못하면 받기로 한 기본정산금을 전혀 못 받게 된다. 이러한 위약금 기준은 점점 정교해지고 가혹해질 예정이다.

수요반응자원을 관리하는 수요관리사업자 입장에서는 상당히 신경을 써야 하는 부분이다. 왜냐하면 수요반응자원의 실적과 참여하는 공장과 건물들의 개별실적과의 격차로 인해 사업자 입장에서는 심각한 손실을 입을 수 있기 때문이다. 곧 설명하게 될 실적의 기준인 CBL(Customer Baseline Load)의 특성 때문이다. 10개의 수용가 중 9개가 아주 잘 감축에 참여하였는데, 나머지 한 공장이 심하게 마이너스 성과를 낼 수 있다. 그러면 위약금이 커지고 수요반응자원이 해당 월에 기본정산금을 전혀 수령하지 못하는 경우가 생긴다. 그러나 참여를 잘 한 9개 수용가에는 기본정산금을 지급해야 한다. 무슨 돈을 줄 수 있는가? 참여하지 못한 수용가에 위약손실금을 청구할 수 있는 형편도 안 된다. 결국 수요관리사업자가 큰 손해를 본다. 무엇이 원인인가? 기본적으로는 성실히 그리고 기술적으로 감축참여가 가능한 양질의 수용가를 확보하지 못한 것이다. 그러나 기술한 바와 같이 연간 양질을 100% 보장할 수용가는 존재하지 않는다. 그렇다면 사업자가 자원의 특성을 이해해서 최적의 포트폴리오로 자원구성 및 운영을 하지 못한 책임이다.

그 책임은 단순히 위약금 때문에 그 달에 손해를 보는 것에 그치지 않는다. 남량특집보다 더 무시무시한 책임이 기다리고 있다. 그것은 운영규칙에 감축등록용량의 70% 미만을 3회 하면 삼진아웃으로 시장에서 완전 퇴출된다는 사실이다. 위에서 언급한 것과 같이 대부분의 수용가가 잘 참여해왔는데 몇몇 수용가의 불성실한 참여로 자원이 타격을 입게 될 수 있다. 수용가들은 수요관리사업자와 최소 1년 단위의 계약을 맺는다. 그런데 갑자기 수요관리사업자가 계약을 이행하지 못하는 상황이 생기는 것이다. 그러나 이는 수요관리사업자의 입장일 뿐, 잘 참여한 수용가는 계약에 따라 나머지 기간에 대한 기본정산금을 지급받아야 한다. 삼진아웃에 지대한 영향을 끼친 수용가에게야 할 말이 있겠지만 성실한 수용가에는 할 말이 없다. 게다가 초기에 삼진아웃을 당하면 원칙적으로는 1−2개월도 아니고 심하면 10개월가량의 기본정산금을 지급해야 할 수 있다.

수요관리사업은 봉이 김선달이 아니라 예측과 분석을 기반으로 한 고도의 관리기법이 필요한 하이테크놀로지 사업이다. 전력거래소에서 눈먼 돈을 받는 것이 아니라 시장에서 활동하며 기여하여 가치를 생산한 것에 대한 대가를 떳떳이 받는 것이다. 가치를 생산하지 못하면 지대한 패널티를 감수해야 하는 사업이다. 전력거래소에서 손해 보는 장사를 할 리 없다. 수요관리사업자도 손해 보는 장사를 해서는 안 될 것이다.

솔로몬의 지혜이고 싶은 CBL

"아기를 반으로 잘라서 한쪽씩 나누어 가져라." 솔로몬의 판결에 아기의 친엄마는 울면서 차라리 저 여인에게 아기를 주라고 말한다. 이를 통해 솔로몬은 친엄마가 누구인지 확인하며 최후판결을 한다. 판결대로 아기는 친엄마의 품으로 돌아가고 가짜 엄마는 감옥으로 끌려간다.

수요관리에도 솔로몬처럼 지혜로운 판단이 필요할 때가 있다. 수요감축 요청이 왔다. 수요관리사업자는 고객 수용가에 시스템을 통한 실시간 알림을 준다. 각 공장과 건물을 미리 준비해둔 설비를 제어하여 감축하거나 스케줄 조정을 한다. 감축이 완료되고 이후 얼마나 줄였는지 확인하는 과정이 어떨까 생각해보았나? 독자라면 어떤 기준으로 감축참여량을 볼 것인가? 상당히 중요하고도 어려운 부분이다.
만약에 1,000kW를 감축참여하기로 협약한 공장이 있다고 치자. 공장에서는 1,000kW 용량의 생산설비가 하나 있는데 사장님께 사전 보고하고 끄는 것으로 계획하였다. 감축요청이 와서 가동되고 있는 해당 설비를 제어하여 정지시켰다. 그러면 잘 대응한 것일까? 감축성과는 수용가 인입구의 한전 계량기 데이터를 기준으로 산정한다. 그 설비가 돌아가다가 감축요청시간 동안은 돌아가지 않았다는 것을 사진으로 찍어서 제출하면 되는 것이 아니다. 그 설비는 가동을 멈추었지만 공장 내에 다른 설비의 가동률이 올라가 공장 내 전기 사용량에 큰 변화가 없다면 전혀 감축한 것이 아니다. 한전 계량기가 볼 때는 아무런 조치를 하지 않은 것으로 생각할 것이기 때문이다. 감축량은 한전 계량기가 알도록 하는 것이 우선 기본이다. 한전 계량기의 15분 데이터가 실시간 모니터링이 안 되기에 2016년 11월부터는 별도의 계량기 또는 한전 계량기의 데이터 수집장치를 의무적으로 달게 되어있다. 그러나 이는 전체 수요반응자원 들의 패턴이나 감축 시 실시간 대응에 대한 모니터링을 일차 목적으로 하고 있다. 여전히 돈과 관련 있는 정산은 검증된 한전 계량기를 통해 한다.

그러면 사례를 들었던 공장에 감축요청이 왔는데 해당 1,000kW설비가 계속 정지되어 있었다. 마침 잘 되었다며 박수를 치며 좋아하면 되는 것일까? 한전 계량기는 어떤 생각을 할까? 이미 꺼져있었으니 감축요청이 온 시점이후에 반응한 것은 아닌 것이 틀림없다. 그러면 이

것은 감축한 것이 아니니 가슴을 치며 안타까워 해야 하나? 좋아하는 것이 답일까? 슬퍼하는 것이 답일까? 정답은 어느 것도 아니다. 또는 둘 다 답이다. 설비가 꺼져 있는 시점에 따라 박수를 칠 수도 있고 가슴을 칠 수도 있기 때문이다.

설비가 꺼져있는 시점이란 무슨 의미일까? 예전에 수요관리 초창기에 미국에선 이런 일이 있었다고 한다. 1시간 전에 수요감축 요청이 왔는데 공장에선 평소 가동하지 않던 모든 전기설비를 1시간 동안 풀가동했다고 한다. 그리고 감축을 이행해야 하는 1시간 후에 모든 설비를 셧다운 시켰다고 한다. 감축량은 실로 놀라울 정도가 된다. 감축량을 산정하는 기준라인이 감축이행 직전의 사용량이었기 때문에 이런 해프닝이 생길 수 있다.

그러면 기준라인을 어떻게 전하는 것이 합리적일까? 여러 가지 생각할 수 있다. 어제의 사용량? 요일이 다르니 문제가 있겠다. 그러면 지난 주 오늘의 사용량을 기준으로 할까? 그것도 좀 이상하다. 그러면 지난 달 오늘로 할까 그것은 더 이상하다. 월별 차이, 계절이 바뀌는 시점의 차이가 있을 수 있기 때문이다. 그러면 작년 오늘의 사용량으로 할까? 계절도 월도 맞으니 그럴싸하다. 그러나 공장의 생산량은 수주물량과 경기에 크게 연동하기에 전혀 그럴싸하지 않다. 그러면 어쩌란 말인가?

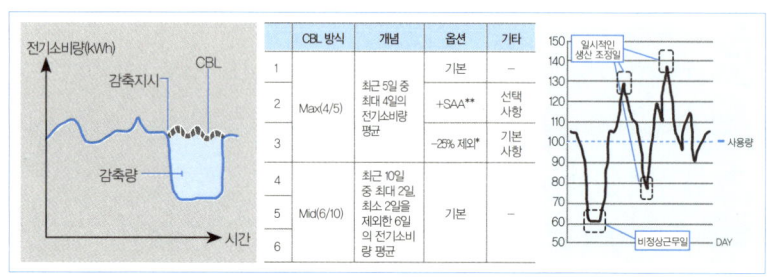

(출처: 한국전력거래소)

[그림 3-4] CBL(고객기준부하)의 기본개념

복잡하면 처음으로 돌아가 단순하게 정리하면 된다. 오늘 감축량은 오늘 감축요청이 오지 않았을 때 사용한 량에서 오늘 감축요청이 와서 사용한 량을 빼면 된다. 무지 단순하지 않은가? 그런데 이미 감축해버렸는데 어떻게 감축요청이 안 왔다면 사용했을 량을 알 수 있나? 타임머신을 타고 돌아가서 확인해봐야 하나? 그래서 오래전 수요관리 프로그램에서부터 기준라인은 너무 중요하기에 다음과 같은 CBL(고객기준부하 : Customer Baseline Load)을 정하여 이용하고 있다. '수요반응참여고객이 전력부하를 감축하지 않았다면 사용했을 평상시 사용전력량을 예측한 값' 운영규칙의 CBL에 대한 정의이다. 오늘 감축하지 않았을 때의 사용량은 최근에 사용했던 패턴으로 추정한다. 그러면 최근 또는 평상시를 어디까지로 볼 것인가? 수요감축 요청이 온 날의 전 10일이다. 토요일과 공휴일은 패턴이 다르기도 하고 감축대상일도 아니니 제외한다. 그리고 10일의 해당시간 사용량 중 높은 날 2일과 낮은 날 2일을 제외한다. 나머지 6일의 평균을 오늘 감축량을 산정하는 기준라인으로 정한 것이다. 아니 서로 합의를 한 것이다. 이러면 깨끗하게 정리된다. 수요자원시장이 개설되면서 CBL의 옵션의 폭이 늘어났다. 그간 대표적인 방식인 10일중의 6일 평균으로 정하는 것 외에 최근 평일 5일간의 해당시간 사용량 중 가장 낮은 하루의 사용량은 버리고 나머지 4일의 평균으로 정한다. 연간 등록시 CBL방식은 선택할 수 있으며 한 번 선택하면 다음해 다시 등록할 때까지 바꿀 수 없으니 신중히 따져보고 결정해야 한다.

아까 공장의 1,000kW 설비가 최근 몇주간 정지되어 있던 설비라면 기준라인 자체가 0이기 때문에 오늘 감축요청에 참여한 것이 아니다. 그러나 최근 1~2일 전에 정지된 설비라면 설비의 CBL은 1,000kW로 살아있으며 오늘 그 설비의 사용량은 0kW이기에 1,000kW를 무난히 감축한 것으로 인정된다. 물론 한전 계량기 포인트에서 보고 판단하는 것이니 공장 내 다른 설비는 일정한 패턴으로 가동되고 있었다는 가정을 전제로 한다.

CBL을 전력거래소와 수요관리사업자 또는 수용가와의 합의라고 이야기했다. 또는 수요관리사업의 정산을 위한 법이라고도 볼 수 있다. 모든 합의나 법은 최대한 많은 사람의 요구를 충족시켜 주는 것이지 모든 사람을 충족시켜 줄 수는 없다. 또 성실히 완벽하게 참여한 감축량을 대변해준다는 보장도 없다. 허점이 있을 수 있다. 허점이 최소화된 것일 뿐이다.

실제 공장전체의 유지보수 일정이나 생산스케줄의 특이한 변화 등으로 감축요청 대응과 무관하게 덤으로 이익을 볼 수도 있고 괜히 큰 손해를 볼 수도 있다. 이는 어느 정도 예측과 대응이 가능한 부분이다. 장기간의 일정이 아니라면 최대참고일이라고 최근일의 2배의 기간

중 평균 75%미만은 CBL계산에서 제외시켜준다. 공장은 한 번 더 75%미만과 125%초과의 날을 제외시켜준다. 이를 잘 이해하고 분석할 수 있어야 소 잃고 외양간 고치는 일이 안 생긴다.

수요관리사업자의 역량을 확인할 수 있는 부분이기도 하다.

수요관리사업을 잘 파악하고 있는 고객은 수요감축 요청이 올 때 가장 먼저 묻고 체크하는 것이 CBL이다. 내가 줄여야 할 설비의 기준이 어느 정도인지 가늠할 수 있는 잣대이기 때문이다. 감축이 예상되는 시즌에 미리 CBL을 가정해보고 대비하는 것도 매우 중요하다. 사업자인 경우는 수요반응자원을 구성하는 공장과 건물 수용가의 CBL을 상시 예측하며 포트폴리오 대비를 하는 것의 중요성은 아무리 강조해도 지나치지 않는 사항이다.

이렇게 중요한 CBL이 서로 간의 지혜로운 합의가 되기를 바란다. 그러나 인간이 만든 기준이 완벽할 수 없고 서로 아쉬운 점을 불평하게 된다. 솔로몬이 다시 살아나 수요자원시장을 들여다보며 완벽한 판결을 하게 될 그 날을 기대하며 우리는 주어진 CBL에 최선을 다하면 되지 않을까?

 여기서 잠깐!

CBL을 더 깊이 들여다보자.

CBL의 옵션중 SAA(Symmetric Additive Adjustment)가 있다. 이는 감축일의 전기소비형태 반영을 위함이다. 건물에 적용하는 것이 유리하다. 수요감축 요청은 갑자기 더워지거나 추워질 경우에 올 가능성이 높다. 건물은 전기냉방이 주부하이다. 갑자기 더워지면 건물 전기사용량도 급격히 올라간다. 최근 패턴인 CBL대비 사용량이 크게 올라가니 애초에 감축하기로 한 공용부하의 설비들은 줄여도 효과가 나타나지 않는다.

예를 들어 지하주차장 조명, 펌프모터 제어, 부분적 전열, 기타 공용부하로 50kW를 줄이겠다고 등록된 수용가가 있다. 6월에 선선하다가 갑자기 폭염이 왔다. 전력거래소에서는 수요감축요청을 한다. 관리소에서 열심히 뛰어다녀 약속한 50kW를 줄였다. 그러나 자연스럽게 올라간 냉방부하 50kW로 감축실적은 0이 된다. 헛수고라는 것을 안 수용가는 다시는 안 하려 한다. 그러나 사실 그분들이 줄인 50kW는 국가적으로 소중한 것이다. 그래서 SAA가 있다. 감축일의 감축시작시간으로부터 1시간 전에서 4시간 전까지의 3시간 동안의 평균 사용전력량을 따져본다. 갑자기 더워서 감축요청을 했다는 것은 몇 시간 전에도 더웠다는 것이다. 그래서 이전 3시간도 더워진 만큼 CBL과 차이가 생긴다. 그 양을 실제 감축시간의 CBL상승분과 상쇄시켜준다. 열심히 뛰어다녀 줄인 50kW가 살아난다. 시범사업이 시작된 국민DR에서는 눈여겨 볼 필요가 있는 옵션이다. 대부분 냉방부하에 영향이 큰 상가, 건물, 가정이기 때문이다. 단, 감축요청이 10시 이전에도 오는 겨울철에는 합리적이지 않다. 그래서 국민DR에서는 10시 이전 감축요청 시 SAA를 0으로 처리한다.

4. 줄일 전기를 매일 내다파는 경제성 수요관리

수요반응자원이 전력시장에서 활동하는 곳은 용량시장 외에 에너지시장이다. 에너지시장은 규모면에서 전력시장의 90%를 차지하는 곳이다. 발전소가 전기를 만들어 팔고 돈을 받는 기본적인 시장이라 보면 된다. 우리가 아는 전력시장을 에너지시장이라고 생각해도 크게 틀리지 않는다. 발전소들이 매일 10시까지 입찰할 때 마이너스 발전기인 수요반응자원도 입찰에 들어간다. 발전소는 생산할 전력량을 기입하지만 마이너스 발전소는 감축할 전력량을 기입한다. 발전소는 변동비(월간 발전소별로 정해준다)를 가격으로 기입하지만 마이너스 발전소는 전력거래소에서 매월 정해주는 NBTP(Net Benefit Test

Price)보다 높은 가격을 기입한다. 이는 평균 SMP보다 약간 높은 수준으로 정해진다. 마이너스 발전기가 가동한다는 것은 전기를 줄이는 것인데 어찌 보면 꽤 많은 비용이 발생할 수 있다. 생산 스케줄 조정, 공장가동 중단, 생산량 감소, 설비트러블 등이 있을 수 있기 때문이다. 반면에 전혀 비용이 들어가지 않을 수도 있다. 애초 계획된 공정 조정 및 보수 일정 등의 시점이나 생산일정에 전혀 지장을 주지 않는 시점인 경우에는 말이다. 이번 주 중 하루 공정 조정을 계획하고 있는데 요금절감DR에 투찰해서 낙찰된 날을 선택할 수 있다. 이런 경우 마이너스 발전기(수요반응자원)가 입찰할 때 10원, 20원 수준의 턱없이 낮은 가격을 넣는 경우 마이너스 발전기(수요반응자원)가 대거 낙찰될 수 있고 이런 경우는 계통운영자로서는 여러 가지 복잡한 문제가 생긴다. 이러한 오류를 막기 위해 NBTP라는 가격을 규정하여 의무화시킨 것이다.

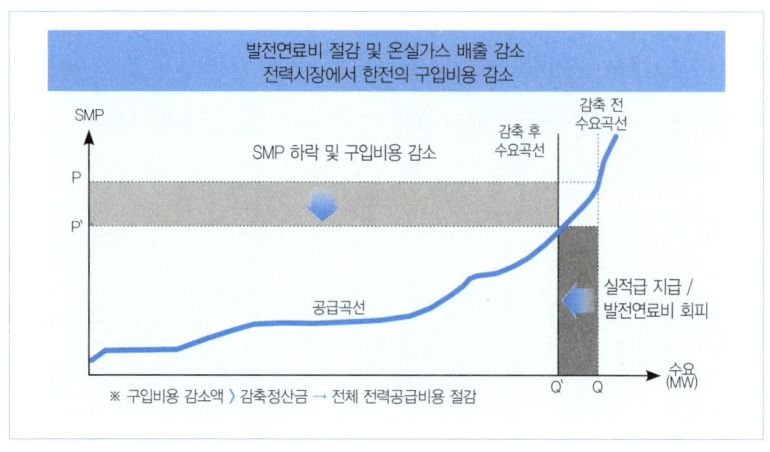

(출처: 한국전력거래소)

[그림 3-6] 요금절감DR의 효과

한동안 피크감축 DR은 충분한 예비율 등으로 수요감축 요청이 연간 60시간 임에도 불구하고 10시간을 넘기지 않았다. 일각에서는 활용도가 낮은 수요반응자원에 보상이 가는 것에 대한 부정적인 의견이 있었다. 그러나 요금절감 DR(경제성DR)이 활성화 되고 전력회사의 구입비용을 낮추는 등 효과를 발휘하여 수요반응자원의 가치를 대변하였다. 최근에 와서는 예비율과 무관하게 국가 전력피크 예상 시 수요감축 요청이 생기므로 피크감축 DR도 가치를 드러내기 시작한다.

이미 설명했듯이 10개 이상의 수용가로 구성된 수요반응자원이 하나의 단위이다. 그렇게 구성된 마이너스 발전기(수요반응자원)가 용량시장에서 활동하는 것이 피크감축DR 프로그램이다. 에너지시장에서 활동하는 것이 요금절감DR 프로그램이다. 당연히 수요반응자원이 참여하는 것이다. 그런데 사업초기 약간의 문제점이 도출되었다. 왜냐하면 요금절감DR은 피크감축DR과는 달리 선택사항이다. 자발적인 입찰을 통한 참여이다. 수요관리사업자가 요금절감DR 입찰을 위해서 수요반응자원의 수용가들에게 물어본다. 참여를 원하는 공장과 건물은 용량을 합산해서 오전 10시 전에 전력거래소에 투찰을 한다. 경제성DR은 MW단위 입찰이기 때문에 합산한 용량이 1MW 이상이어야 하고 MW 배수로 하여 투찰량을 결정한다. 오후 3시에는 익일 발전을 해야 할 낙찰된 발전소가 통지되듯이 낙찰된 수요반응자원이 낙찰용량과 시간대를 받는다. 다음날 해당시간에 참여하기로 한 수용가들이 전력을 감축하므로 시장에 참여한다. 낙찰된 양만큼 감축을 시행하면 발전소가 전력을 생산해서 받는 가격인 SMP를 기준으로 정산을 받는다.

그런데 여기서 문제가 생겼다. 10개의 수용가중 4개소가 요금절감DR에 낙찰된 시간에 전력감축을 시행했다. 모두 낙찰된 양을 지켜냈다. 그런데 나머지 6개소는 요금절감DR과 전혀 관계없는 곳이었다. 공교롭게 평상시 보다 4개소가 요금절감DR 참여한 시간에 나머지 공장의 생산량이 두 배가 늘어났다. 그들은 자기가 속한 수요반응자원이 요금절감DR에 낙찰되어 참여했는지 알 길이 없다. 혹여 안다 하더라도 그 시간에 사용량을 줄인다든지 평상시 수준을 유지해야 한다든지 할 생각도 없다. 결국 요금절감DR에 낙찰 받아 참여한 수요반응자원 전체의 실적은 성과가 나오지 않았다. 이러한 문제로 요금절감DR 참여는 위축되었다. 열심히 해보았자 실적이 안 나오고 오히려 위약금을 내야 하는 상황이니 말이다. 수요관리사업자도 이렇게 리스크가 큰 프로그램에 참여할 이유가 없었다. 2014년 수요자원시장 개설 후 요금절감DR은 위축되었다. 전력거래소에서는 이러한 불합리함을 해결하고자 다음해 6월 프로그램을 개정하였다. 요금절감DR에 한해서는 동일한 수요반응자원 단위로 실적을 평가하고 정산하지 않고 참여한 수용가만 새롭게 그룹핑하여 평가·정산하기로 했다. 이후로 수요관리사업자나 참여한 수용가의 리스크는 대폭 줄어들었고 요금절감DR은 활성화될 수 있었다.

또한 요금절감DR의 CBL은 피크감축DR CBL과 다르다. CBL은 수요감축에 참여한 날은 제하고 산정한다. 감축일은 평상시 사용패턴으로 볼 수 없기 때문이다. 그런데 장기 유지보수 기간에 요금절감DR에 참여하므로 낙찰 후 SMP를 수령하는 경우가 증가했다. 전력거래소는 이를 기술적으로 제한하기 위해 요금절감DR 낙찰 및 참여일도 CBL산정에 포함시켰다. 4~5일만 낙찰되어도 요금절감DR은 CBL이 현저하게 떨어지기 때문에 이후 장기간 유지보수 시에 요금절감DR에 참여하는 일이 크게 줄어들었다.

5. 기본자격, 입학시험 그리고 중간시험

수요반응자원의 구성원이 되기 위해서 기본 필수조건이 있다. 바로 'RRMSE(전기소비형태 검증 기분 : Relative Root Mean Squared Error)'이다. 공장이나 건물의 전력사용패턴이 너무 들쑥날쑥하면 수요자원으로 품질이 낮다고 본다. 어제는 일감이 많아서 아침부터 저녁 늦게까지 가동하고 오늘은 일이 없어서 오전만 가동하고 내일은 아예 문을 닫고, 모레는 오후 늦게 공장을 찔끔 가동한다면 너무 들쑥날쑥하다. 수요감축 요청이 와도 참여자체가 너무 불확실하다. 그래서 이런 들쑥날쑥한 정도를 통계적 산술식에 넣어 결과 값이 30%가 넘으면 시장참여 불가 결정을 내린다. 일반 건물은 사용패턴이 거의 동일하다. 이러한 경우 5~10% 정도이다. 매우 불규칙한 패턴을 가진 경우는 중소형 주물공장이 대표적인데 150%를 넘는 계산 값이 나온다.

그래서 고객을 영업할 때 RRMSE를 먼저 체크해야 한다. 한참 설명하고 사장님께서 좋다고 서명까지 했는데 정작 RRMSE가 되지 않아 참여를 못하는 경우가 있기 때문이다. 그렇다고 고객이 처음 본 사람에게 RRMSE를 계산할 기초데이터를 섬큼 주지도 않는다. 그래서 수요관리사업자는 업종이나 생산패턴을 개략적인 인터뷰 등으로 추정해야 한다. 심하게 불규칙하지만 않으면 30% 안에 들어오기 때문이다.

그렇게 기본자격인 RRMSE를 통과한 수용가를 모아서 수도권, 비수도권을 분류하고 나름의 포트폴리오를 고려하여 하나의 수요반응자원으로 구성한다. 이번에는 시장에 정식으로 등록되기 위한 큰 관문이 버티고 있다. 그것은 등록시험이라고 불리는 입학시험이다. 서류등록 후 2주안에 불시에 1시간 테스트를 한다. 수요반응자원의 감축 등록용량 만큼 줄일 수 있는지 실제상황으로 확인해보는 것이다. 100MW짜리 자원이 테스트를 해서 90MW 이상을 줄였으면 합격이다. 그런데 70MW~90MW를 줄이면 용량조정을 당한다. 예를 들어 82MW를 줄였다. 그러면 그 자원은 100MW가 아니라 82MW로 등록이 된다. 당연히 기본용량정산금도 82MW를 기준으로 받게 된다. 그러면 70MW미만이면 어떻게 될까? 자원탈락이다. 69MW라도 줄였으니 69MW로 등록하게 해달라고 해도 소용이 없다. 그 절반만 인정해달라고 해도 안된다. 애초에 자원구성 및 용량산정이 제대로 되지 않은 신뢰성이 떨어지는 자원이니 인정할 수 없다는 것이다. 최근은 1시간 등록시험으로 자원검증이 부족하다고 판단하여 3~4시간으로 확대하려 한다. 입학시험의 난이도가 높아지는 것이다. 그만큼 좋은 학생들이 많이 들어오니 장점이 있는 것이다.

이렇게 해서 시장에 등록되면 보통 11월 25일부터 1년간 수요자원시장이 시작된다.(시점이 12월 1일로 조정될 예정이다.) 평일 오전 9시부터 점심시간인 12~13시를 제외하고 저녁시간인 20시까지 상시 대기하며 기본정산금을 받는 것이다. 연중 60시간 이내로 수요감축 요청이 오면 1시간 이내에 반응하여 최소 1시간에서 4시간의 감축을 지속해야 한다. 감축요청의 조건이 규칙에 규정되어 있다. 예비력이 500만kW 미만이면 감축요청이 가능하다. 또 직전 년 피크 경신이 예상되면 감축을 요청할 수 있다. 전력수급계획 예상치를 윗돌 것이 예상될 때도 동일하다. 마지막으로 전력거래소의 수요예측 오차나 발전기 탈락으로 수요와 공급에 갑작스런 문제가 생겼을 경우도 감축요청을 할 수 있다. 2018년에는 수요예측과 발전기 탈락의 조건을 삭제하고 예비력 500만kW 미만과 목표수요의 경신이 예상되는 경우 감축요청을 하는 방향으로 개선되었다.

그러나 이런 기준에 안맞는 경우가 1년 내내 없으면 감축요청 자체가 한 번도 없을 것이다. 실제로 그런 경우는 생기지 않겠지만 그래도 너무 이상하지 않은가? 그래서 전력거래소는 감축요청 조건과 무관하게 감축시험이라고 하는 중간시험을 본다. 2014년 시장이 개설될 때는 여름과 겨울에 한 번씩 할 수도 있는 것으로 되어 있었다가 2016년에 개정하면서 분기에 한 번씩 그러니까 1년에 4회 의무적으로 하는 것으로 했다. 2018년에는 수요반응자원의 참여성과에 따라 감축시험 횟수가 달라지는 방법으로 개정되어 시행 중이다. 시장개설 후 동계시험을 12월 1~2주차에 전체자원에 대한 1시간 감축시험을 시행한다. 여기서 90% 이상의 실적을 내면 하계시험인 6월 1~2주차에 1시간 감축시험이 있고 이 또한 90% 이상의 양호한 실적을 내면 끝이다. 그러나 첫 감축시험 결과가 90% 미만의 실적을 내는 자원에는 12월 3~4주차에 동계감축시험을 한 번 더 시행한다. 실적이 안 좋은 곳은 춘계시험과 추계시험이 또 기다리고 있다. 동계시험과 동계 감축요청 시 전체 평균 실적이 90% 미만인 곳은 3월중에 1시간 춘계감축시험이 있다. 하계시험과 하계 감축요청시 전체 평균 실적이 90% 미만인 자원도 9월중에 1시간 추계감축시험을 치러야 한다. 결론적으로 항상 90% 이상의 좋은 실적을 내는 자원은 연간 감축시험이 2회로 끝나지만 그렇지 않은 자원은 최대 6회의 감축시험을 치른다. 실적이 90%미만의 수준이 아니라 70%미만이 된다면 정식 감축요청은 해보지도 못하고 감축시험만으로도 삼진아웃을 받고 퇴출될 수 있다. 개선방안이나 제도보완의 철학은 분명하다. 감축에 잘 참여하는 양질의 자원은 대접을 받게 하는 것이고 실제로 줄일 수 없는데 거품으로 시장에 등록한 자원은 큰 손해를 보게 하는 것이다. 이로서 시장의 품질을 개선하며 시장을 건강하게 만들겠다는 것이다.

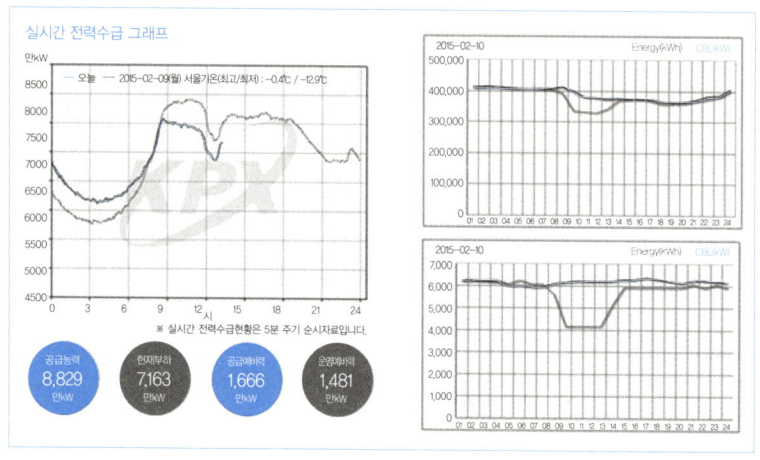

(출처: 한국전력거래소)

[그림 3-7] 수요자원거래시장 참여 실적

위 그래프는 2016년 2월10일 동계 감축시험의 결과이다. 당시 감축시험은 9시에서 12시까지 3시간 지속이었고, 1시간 전인 오전 8시에 요청문자가 왔다. 왼쪽 그림은 국가전체 전력수요곡선이다. 9시에서 12시까지 수요가 전날에 비해 눈에 띄게 줄어든 것을 보여준다. 우측 하단은 수요반응자원의 참여실적이며 하단은 24시간 연속공정인 어떤 공장의 참여실적이다. 24시간 연속공정은 대부분 감축요청에 참여하기 어려운 구조이다. 그러나 생산스케줄과 공정에 큰 영향을 주지 않는 선에서 위의 그래프처럼 깨끗하게 참여할 수 있다면 대단한 일 아닌가? 이렇게 물구나무 선 발전소는 계속 인정을 받고 좋은 대접을 받게 된다. 좋은 자원이 계속 발굴되고 시장에서 평가받는 선순환으로 수요반응자원의 수준은 상향평준이 될 것이다. 규모가 커지면서 여러 성장통이 있겠지만 이 과정을 통해 계통에 꼭 필요하면서도 튼튼하고 멋진 새로운 발전소, 물구나무 선 발전소가 구축될 것은 틀림없다.

6. 진화해가는 수요자원 그리고 시장

중소형DR

2017년 중소형DR 프로그램이 새롭게 생겼다. 새로운 프로그램이 생긴 덕분에 기존의 DR도 표준 DR이라는 이름을 갖게 되었다. 중소형DR의 대표적인 특징은 감축량이 크지 않은 일반용 건물과 교육용 건물 그리고 전기사용 계약전력이 2,000kW 미만의 산업용만을 대상으로 하는 것이다. 큰 건물이나 대학은 전기사용 계약전력이 10,000kW도 넘는 경우가 있어서 차별이라고 생각할 수 있다. 그러나 건물이나 대학에서 산업용 공장처럼 감축가능한 용량이 많이 나오기 쉽지 않다. 이러한 수용가의 감축량을 모아봤자 10MW를 만드는 것은 쉽지 않다. 그래서 최소용량을 2MW로 대폭 줄였다. 중소형 DR의 매력은 RRMSE 검증을 하지 않는 것이다. 당장 사용패턴이 불규칙하더라도 시장참여가 가능하다. 그동안 DR에 참여하지 못했던 고객들에게 길이 열린 것이다. 감축 지속시간도 표준DR처럼 2시간, 3시간, 4시간 등 장시간을 면제해준다. 1시간 감축요청만 내려진다. 이런 점으로 중소형DR이 활성화되고 있고 중소형DR전용 수요관리사업자가 배출되고 있다. 뻔한 수요관리사업자들만 있었던 곳에 뉴페이스가 들어오기 시작하는 것은 반가운 일이다.

성장통 그리고 시장활성화 방안

수요자원시장의 신뢰성DR 감축요청이 년 최대 60시간이라 하지만 발생빈도가 매우 낮았던 것이 사실이다. 초기 감축요청 조건을 볼 때 첫 번째 항목인 예비율 500만kW의 가능성은 매우 낮으며 두 번째 항목, 직전년도 피크경신 정도가 몇 번 있는 정도이다. 세 번째 항목인 수요예측오차와 발전기 탈락은 규칙대로 시행한다면 연중 60시간도 모자랄 수 있으나 해당조건이 적극적으로 활용되지 못했다.

그러다보니 생기는 부작용이 있다. 감축요청의 확률이 낮으니 품질이 낮은 감축자원들이 생기기 시작하는 것이다. 낮은 감축빈도와 그러한 패턴/사례들이 수요관리사업자와 수용가에게 큰 유혹이 될 수 있다.

사실 운영규칙을 기준으로 또 최적포트폴리오를 생각해가며 수용가를 모집하고 자원을 구성하고 운영·관리하는 것이 정도(正道)다. 그러나 그간 실제 운영되어 온 선례와 데이터를 외면할 수 없다.

한 보험회사가 특수 암보험 상품을 만들었다. 무서운 암이어서 많은 사람들이 가입했다. 그런데 사람들이 웬만해서는 걸리지 않는다는 기존 데이터를 가지고 있다. 사람들의 가입을 최대한 끌어올리기 위해 엄청난 보장을 걸어놓은 신상품을 기획한다. 특수암-α에 걸리기만 하면 노후가 보장되는 수준이다. 보험회사 입장에서 특수암-α 발생 가능성이 매우 낮은 비율을 근거로 시뮬레이션을 했기에 사업성과 경제성이 보장된 상품이었고, 수많은 사람들이 줄을 서서 가입했다. 1년이 지날 즈음 이상한 전염병이 돌았다. 그 전염병은 지금까지 보지 못했던 신종 바이러스였고 마침 특수암-α를 유발하는 주요인이 되었다. 특수암-α 환자들이 우후죽순으로 늘어나기 시작했고 넉넉히 보상을 받았다. 반면 보험회사는 암에 대한 보상을 하다가 자금난으로 파산하고 말았다.

이 사례에서 문제점은 무엇일까? 보험회사는 기존의 데이터만 맹신했고 데이터에 대한 더 깊은 분석과 예측에 너무 안이했다. 아니 아무리 인공지능에 딥러닝 분석과 예측을 했어도 기존의 데이터로는 이 이상의 결과를 얻을 수 없을 수도 있다. 운이 매우 없는 것이다.

기존의 전력거래소의 수요자원시장 운영패턴의 데이터가 원래 계속 그런 패턴이라면 수요관리사업자와 수용가들은 합리적일 뿐만 아니라 최적의 의사결정을 한 것이다. 그러나 그간 전력거래소의 운영이 초기의 특수한 경우라거나 그래서 시간이 지나면 운영규칙안에서 얼마든지 다르게 운영할 수 있다는 변수를 생각했다면 어떠했을까? 또한 갑작스런 이상기후가 한반도에 들이닥쳐서 기존의 운영패턴에서 감축요청 발령빈도가 자연적으로 많아 질 수 있다는 지극히 기초적인 예측을 한다면 어떠했을까?

[표 3-1] 2017~2018년 피크감축DR 요청량 (출처: 한국전력거래소)

일시	시간	총 요청량(MWH)*	참여기업 수
2017년 12월13일	2시간	2095MWh	225개사
2017년 12월14일	2시간	1634MWh	282개사
2017년 12월20일	2시간	1420MWh	651개사
2018년 1월11일	4.5시간	7593MWh	3468개사
2018년 1월12일	3시간	8230MWh	3165개사
2018년 1월24일	2.5시간	6793MWh	1713개사
2018년 1월25일	4.5시간	7194MWh	3016개사
2018년 1월26일	2.5시간	4957MWh	2431개사

*총 요청량(MWh): 거래시간별 수요감축요청 대상 수요자원의 전력부하감축량(㎿)의 합(㎿×h)

[표 3-2] 2018년 겨울 피크감축DR 감축이행실적 (출처: 한국전력거래소)

일시	시간	감축요청량	감축량	감축이행률(%)
'18.01.11	10H	1,131	990	89
	11H	1,653	1,446	
	12H	526	462	
	16H	253	204	
	17H	2,015	1,848	
	18H	2,015	1,792	
'18.01.12	10H	2,442	1,978	82
	11H	3,355	2,823	
	12H	2,433	1,914	

일시	시간	감축요청량	감축량	감축이행률(%)
'18.01.24	10H	2,717	2,065	76
	11H	2,717	2,102	
	12H	1,359	1,010	
'18.01.25	10H	2,338	1,992	81
	11H	2,732	2,232	
	12H	1,100	900	
	17H	512	347	
	18H	512	328	
'18.01.26	10H	1,813	1,417	78
	11H	2,306	1,799	
	12H	838	675	
합계		34,767	28,323	81

사업자의 정확한 분석과 마인드의 부재인지 운영기관의 일관성 없음이 문제인지 알 수 없지만, 2017년 여름에서 2018년 초까지 이러한 일이 일어났다. 수요자원용량과 참여고객은 급증하였다. 그들 나름의 합리적일 뿐만 아니라 최적의 의사결정을 했기 때문일까? 그러나 갑작스런 기상이변으로 감축지시가 예년에 있어보지 않았던 모양으로 발생했다. 며칠 연속으로 하루에 두 번까지 감축요청이 떨어지고 참여고객과 수요관리사업자는 불난 호떡집 주인처럼 정신이 없었다.

정부는 수요자원 제도개선 T/F를 가동하여 개선방안을 강구하여 발표하였다. 내용을 크게 세 가지로 나누면 발령기준을 명확히 하는 것과 자원의 품질별 우대 및 패널티 강화, 그리고 건전한 시장경쟁과 정보제공의 확대이다. 먼저 기존의 발령기준의 세 가지 항목 중 수요예측 오차와 대규모 발전기 고장 항목을 삭제하였다. 두 번째 항목인 최대전력 및 목표수요초과를 목표수요 초과로 일원화하면서 감축요청에 대한 예측성을 향상시켰다. 목표수요는 주간과 일간에 예측을 해주기에 수요관리사업자나 참여고객은 규칙상 1시간 전에 요청받는 것은 같지만 꽤 높은 확률로 하루 전이나 더 먼저도 예측이 가능하게 된 것이다.

두 번째로 잘 참여하는 자원과 고객은 감축시 지원하는 감축지원금을 최고변동비 또는 그 이상으로 올리는 안이다. 보통 SMP와 최고변동비인 MGP는 두배가량 차이가 난다. 단 이는 비상시 감축요청에 대응할 경우라는 제한은 있다. 못 참여하는 자원과 고객은 패널티를 강화하고자 한다. 위약금을 계절에 따른 비중으로 월별 차등 적용하는 것이다. 이는 60시간을 연간 균등하게 나누어 위약금 계수를 산정하는 불합리함을 개선하면서 자연스럽게 나온 내용이다. 그리고 자원에 대해 위약금이 월 기본정산금을 초과하지 않았던 메리트가 없어졌다. 위약사항이 월 기본정산금을 넘어가면 다음 달 받을 기본정산금에서 잔여 위약금을 제하겠다는 것이다. 잘 참여하는 자원은 전혀 상관이 없는 규정이 되겠지만 위약금이 다음 달까지 대를 이어 내는 손해를 보는 자원이 나오게 될 것이다. 50MW라는 동일한 자원이지만 1년이 지나고 나서 장부를 열어보니 한 쪽은 돈이 많이 쌓여있는데 한 쪽은 바닥이나 적자를 면치 못하는 일이 생길 수 있는 것이다.

또한 최초의 등록시험을 1시간에서 3~4시간으로 키워서 시장진입 자격시험을 강화하여 애초 싹수가 없는 자원을 잘라내려고 한다. 감축시험은 여름과 겨울의 전력수급대책기간에 하던 것을 분기에 1회씩 의무적으로 하도록 강화했었다. 다시 개정하는 것은 자원의 참여 실적에 따라 실적이 좋으면 감축시험을 안할 수도 있고 실적이 안 좋으면 여러 번 할 수 있게 차등화하려 한다. 감축시험의 의도가 자원의 상태가 양호한지를 체크하는 것으로 볼 때 바람직한 면이 있다. 잘 참여하고 있는데 굳이 감축시험으로 확인할 필요는 없다. 참여를 잘 못하면 자원의 상태가 미심쩍으니 감축시험으로 체크하고 안 좋으면 퇴출시키겠다는 것이다. 우수자원을 우대하고 불량자원에 대한 불이익을 강화하니 이제는 수요관리사업자가 우수한 자원을 구성하여 시장을 참여하려고 애쓸 것이다.

세 번째로 건전한 시장경쟁을 위한 정보공개이다. 우선 수요관리사업자의 정보공개를 통해 사업자간 불공정한 과대경쟁을 방지한다. 참여고객이 정보를 기초로 우수한 수요관리사업자를 선택할 수 있게 한다. 구체적으로는 수요관리사업자별 자원의 규모, 감축요청별 참여실적, 요금절감DR과 피크감축DR 70%미만 경고여부, 전력거래제한 여부 등이다.

또한 시장운영기관이 전력거래소가 참여고객과 원활한 소통을 하고자 한다. 물론 참여고객은 수요관리사업자의 재량에 맡기고 잘 관리하면 된다. 그러나 일부 사업자들은 시장 전체에 대한 왜곡된 정보와 규칙에 대한 잘못된 해석으로 참여고객을 혼란케 하고 있다. 감축지시가 연간 최대 60시간이라는 기본적인 규칙조차도 모르고 처음 등록시험 한번만 하면 되거나 분기에 한 번씩만 요청에 참여하면 되는 것으로 알고 있는 경우도 보았다. 전력거래소가 참여고객과의 직접 소통을 통해 이런 부작용을 없애겠다는 의도이다. 수요관리사업자의 재량에 시장관리자인 전력거래소가 끼어드는 것이 마음에 들지 않지만 사업자 스스로 그런 결과를 만든 것이니 씁쓸할 따름이다. 향후에는 수요관리사업자가 건전하고 능력 있는 모습을 보이므로 멀지 않은 시간 안에 모든 권한을 찾아오는 날이 오기를 바란다.

빌딩 수요관리와 Auto-DR

2017년 6월 이후 중소형DR 프로그램이 신설되었다고 기술했다. 이로서 중소공장과 빌딩 수용가의 참여를 유도하였고 수요관리사업자나 중소형 참여고객의 관심이 커졌다. 그러나 빌딩 특성상 분산되어 있는 소규모 자원의 수동제어 등으로 지원금 대비 비용이 상대적으로 커서 참여 동기가 위축될 수밖에 없었다. 프로그램은 새롭게 만들어갔으나 실제 고객과 자원은 그 보폭을 따라가지 못했다. 빌딩이 수요관리에 참여할 수 있는 용량은 적다. 비상발전기 등 자원대체의 경우 말고 실제적으로 줄일 수 있는 부하는 50kW 조차 어렵다. 50kW면 일 년 기본지원금 총액이 약 200만원 수준이다. 그러려고 때마다 신경 쓰고 감축요청이 오면 땀나게 뛰어다녀야 한다. 할 만한 일이 아니다.

그러나 국내 10층 이상 건물만 아파트를 제외하고도 100,000개 이상인데 이런 건물들이 모두 50kW 감축이 가능하다면 5G이다. 이는 원전 4기를 훌쩍 뛰어넘는 수준이고 2018년 초기 최고점을 찍었던 수요반응자원 4.2GW도 넘는 양이다. 결코 무시할 수 없는 수치이다. 빌딩에는 자동제어시스템(BAS : Building Automation System)이 구축되어 있다. 최근에는 빌딩에너지관리시스템(BEMS : Building Energy Management System)도 중대형빌딩 이상에는 보급이 되고 있다. 건물의 에너지설비를 모니터링, 스케줄링, 제어, 최적관리하는 것이다. 수요관리하기 좋은 툴이 될 수 있다. 물론 수요관리를 위해 구축된 것이 아니고 관리의 편의성과 요금절감을 위한 것이다. 그러나 수요관리에 추가로 활용한다면 더할 나위 없이 기특한 일이지 않는가.

문제는 역시 있다. 문제가 없었으면 벌써 적용이 되었고 5GW의 마이너스 빌딩발전소가 뜨겁게 가동되었을 것이다. 문제는 무엇인가? 전력거래소 및 수요관리사업자가 빌딩을 수요자원의 참여고객으로 관리할 때 BAS/BEMS에 접근하기 어렵다는 것이다. 우리나라 70~80%이상 건물의 BAS 또는 BEMS는 글로벌 회사가 장악하고 있다. 하니웰, 존슨콘트롤, 아즈빌, 지멘스, 슈나이더 등이다. 각각의 제품들의 통신 프로토콜이 다르고 운영방식이 다르다. 무엇보다 기술적으로는 개방형이지만 사업적으로는 블랙박스 수준의 폐쇄형인 것이 문제이다. 프로토콜 개방 및 제어·운영방법 협의가 사실상 어렵고 건물주의 요청으로 진행해도 상당한 비용이 청구되는 것이 현실이다.

이를 위해 제조사에서 민감하게 느낄 만한 사항이 없는 어떠한 인터페이스 시스템이 개발되고 빌딩의 BAS/BEMS에 효과적으로 연동이 가능하다면 문제가 해결된다. 최근 국가에서는 전력거래소, 수요관리사업자가 수많은 빌딩들을 자원화하도록 지원하기 위해 BAS/BEMS 활용할 방안에 대한 연구와 개발을 지원하기 시작했다. 정부지원 과제 등을 통해 개발 및 실증을 한다. 이를 위해서는 기 구축된 BAS/BEMS와 수요관리에 관련한 통신규약인 openADR 표준기반 Auto-DR이 연동될 인터페이스가 개발되어야 한다. 이는 간단하게 BAS/BEMS 정보체계와 DR신호가 만나는 접점, 정보체계변환장치이다.

선제적으로 중대형 인텔리전트 빌딩에 구축된 BAS/BEMS에 대한 분석이 필요하다. 분석 후 이것과 ADR시스템이 연동가능해야 하며 설비의 수요관리에 적합한 다양한 알고리즘이 개발되고 장착되어야 한다. 실험실 수준의 개발에 멈추어서는 안 되고 다양한 메이커들의 BAS/BEMS와 연동 실증이 되며, 실제 건물에 적용되어 수요관리사업자를 통해 전력거래소에 거래되며 지원금 수령까지 검증해야 한다. 또한 기존 수요자원 시장 운영규칙에 의거한 자원을 검증하는 것에서 더 나아가 빌딩 Auto-DR 참여성과가 훌륭한 자원의 반응시간, 지속시간 등을 판단하여 새로운 제도개발과 개선이 뒤따라야 할 것이다.

이러한 연구개발이 시작되는 것은 반가운 일이다. 그간도 BAS/BEMS의 인터페이스에 대한 개발과 논란은 지속되었다. 그러나 이번에는 국가 전력계통 안정화 및 수요자원 시장 활성화의 목적에서 진행되며 빌딩 내부의 데이터 유출이나 제어리스크가 없다는 전제에서 성공적인 결과가 되기를 바란다.

동에 번쩍, 서에 번쩍 Fast DR

전력시장은 에너지시장과 용량시장으로 크게 나뉜다고 기술하였다. 작지만 효과적인 시장이 또 있는데 바로 보조서비스(Ancillary Service) 시장이다.

전력계통은 발전기 출력대비 부하량 및 계통손실이 평형을 이루어야 한다. 그럴 때 공급과 수요의 밸런스가 맞춰지며 주파수도 평형을 유지한다. 그런데 발전기 출력이 부하량과 계통손실보다 커지면 주파수가 상승하게 된다. 적당한 힘을 쓰며 상자를 끌고 있는데 갑자기 상자

안의 물건이 줄어들어 상자가 순식간에 끌려가는 것과 같다. 반대로 발전기 출력이 부하량과 계통손실보다 적을 때 주파수 저하가 발생한다. 상자 안에 여러 물건이 추가되며 적당한 힘으로 끌던 힘으로 상자를 끌기 힘들어지는 경우이다. 보조서비스의 목적은 계통의 수요와 공급에 순간적인 사고로 주파수에 문제가 생기는 것에 대비하는 것이다. 일반적으로 공급의 갑작스런 탈락 및 부하변동 등으로 주파수가 급격히 올라가서 계통에 심각한 문제를 줄 수 있다. 이런 상황을 수초 이내 감지하고 예비 발전기 등으로 통해 대응하는 것이다.

보조서비스는 용량시장의 설비예비력과 달리 운전예비력, 즉 동기상태(Synchronized)에서 순간적으로 대응해야 하는 점이다. 에너지시장의 발전자원과 다른 점음 시스템 신뢰성 차원에서 의무적으로 사전에 종류와 양이 결정되어야 한다.

[표 3-3] 보조서비스 주요 내용 및 대상 (출처: 한국전력거래소)

항목			주요내용	확보기준	대상
주파수 제어	주파수조정 (60±0.2Hz)	1차 응답 (GF)	큰 주파수 변화 시 10초 이내 응동, 30초 이내 지속	1,500MW	중앙급전 발전기 (원자력 제외)
		2차 응답 (AGC)	*미소주파수 변화대응 *큰 주파수 변화시 30초 이상 응동, 30분 이상 지속		
보조 서비스	예비력	운전상태 대기	운전 중 발전기로 10분 이내 이용가능 발전력	1,000 (1,500)MW	유연탄, 무연탄
		정지상태 대기	정지상태 발전기로 20분 이내 이용가능 발전력	1,500 (1,000)MW	수력, 양수, GT
		정지상태 대체	정지상태 발전기로 120분 이내 이용가능 발전력	1,500 (1,000)MW	CC
자체기동 보조 서비스		자체 기동	광역정전시 비상기동 발전력	수력, 양수, 디젤 발전기 등 18개소	

우리나라 보조서비스는 위의 표와 같다. 크게는 주파수제어 보조서비스와 자체기동보조서비스이다.

주파수 조정은 60Hz의 ±0.2Hz를 유지하는 것으로 1차 응답과 2차 응답으로 구성된다. 1차 응답은 계통주파수 변동에 자동적으로 응동하여 발전기 출력을 가변시키는 주파수추종(Governor Free)운전이다. 큰 주파수 변화시 10초 이내 응동하고 30초 이상을 지속한다. 1, 2차 응답은 중앙급전소에 설치된 EMS(Energy Management System)에서 주파수편차를 검출하여 발전소 출력조정량을 산출, 원격으로 발전기 출력을 조정하는 자동발전제어(Automatic Generaton Control)운전이다. 주로 미소주파수에 대응하며 큰 주파수 변화 시 30초 이내 응동하여 30분 이상을 지속할 수도 있어야 한다. 주파수조정 예비력 발전기는 원자력을 제외한 중앙급전발전기로 1,500MW를 확보하고 있다.

예비력 주파수제어 보조서비스는 운전상태 대기, 정지상태 대기 그리고 정지상태 대체가 있다. 운전상태 대기는 유연탄, 무연탄 발전기가 운전상태로 대기하고 있다가 필요시 10분이내 이용가능한 발전력으로 올리는 것이며 1,000(1,500)MW 용량이 대기하고 있다. 정지상태 대기도 말 그대로 발전기 정지상태이지만 20분 이내 이용가능한 발전력을 올릴 수 있는 대기상태이다. 정지에서 빠른 시간에 끌어올려야 하니 수력, 양수, GT발전기가 대상이 된다. 또한 정지상태 대체로서 정지상태의 발전기가 2시간 내에 이용가능한 발전력이 되는 예비력이 있다. 즉시 기동이 되지 않는 CC발전기가 대상이며 정지상태 예비력은 전체가 1,500(1,000)MW 용량이다. EMS에서 전력계통에 연결되어 있는 발전기 출력을 조정하는 발전제어방식으로 AGC를 통해 발전량 정보가 발전기로 전달되면 조속기(속도조정기)가 발전용 터빈의 속도를 EMS 지령내용대로 조정하므로 발전기 출력이 제어되는 방식이다.

자체기동서비스는 전 계통 및 광역정전 발생 시 신속한 전력계통 복구를 위한 비상기동발전력으로 자체적 발전기 기동을 통한 준비한다. 지역별로 1~2개 이상의 발전기가 준비되어 있으며 발전원으로는 수력, 양수, 디젤 및 복합화력이 있으며 18개소이다.

이상과 같이 발전기로 계통보호를 위한 보조서비스를 운영하고 있다. 수요자원이 이미 에너지시장과 용량시장에서 제 역할을 하고 있는 것처럼 보조서비스 시장에서도 역할을 할 수 있지 않을까? 우리나라도 신재생에너지 3020 비전에 따라 신재생 발전비율이 지속적으로 증가될 것으로 예상된다. 구체적으로 2030년까지 53GW 규모의 신재생에너지원이 신규로 설치될 예정이며 풍력과 태양광의 비중은 80%에 이를 것으로 전망된다. 신재생발전원의 변동성에 대응하기 위해 보조서비스의 필요성이 더욱 커져가고 있으며 이에 대한 수요반응자원의 역할이 기대되는 것이다. 이미 미국 PJM 등 유틸리티에서는 수요자원이 보조서비스 시장에서 거래가 되고 있다. 세계가 놀랄만한 대한민국 수요자원의 빠른 확대와 효과가 보조서비스에서도 빛을 발하지 않을까? 그래서 정부에서는 FAST DR 자원을 발굴하여 보조서비스에 적용/실증하는 연구과제를 시작하였다.

UFR연계된 Fast DR이 59.7Hz미만에서 동작률 100% 및 GF, AGC, 운전상태 대기대체예비력에 참여하는 Fast DR의 감축이행률이 90%를 넘는 자원을 발굴하고자 한다. 공장과 건물의 설비에서 이정도 수준의 감축가능자원이 나온다면 수요자원의 위상은 더욱 커질 것이다. 실제 미국과 독일에서는 동등이상의 감축자원이 실증되고 있으니 우리라고 못할 이유는 없다. 다만 이론에 그치지 않고 우리나라에서도 자원을 발굴해서 검증하고 시장에 참여시키는 등 실제적인 결과물이 나와야 할 것이다. 이를 통해 새로운 시장과 제도가 만들어지며 새로운 수익모델이 생기기 때문이다.

Fast DR의 응답시간과 지속시간도 중요하다. 응답시간이란 감축요청 이후 감축이 실현되기까지의 시간이다. 지속시간이 감축시작 이후 얼마나 지속이 되는가를 나타내는 것이다. 상기 보조서비스 기준에서 본 것과 같이, GF의 응답시간은 10초이고 지속시간은 30초이다. 그러니까 10초전에 알려주면 응답해야 하고 30초를 지속해야 하는 것이다. 수요자원으로 이행한다는 것은 쉽지 않은 일이다. AGC의 응답시간은 30초이고 지속시간은 30분이다. 30초안에 응답하고 30분을 지속하는 것이다. 운전상태 대기대체예비력은 10분 내에 응답하고 20분 혹은 2시간을 지속하는 것이다. 이는 응답시간이 10분으로 빠르기는 하나 지속시간은 현재 DR의 지속시간과 비슷하다.

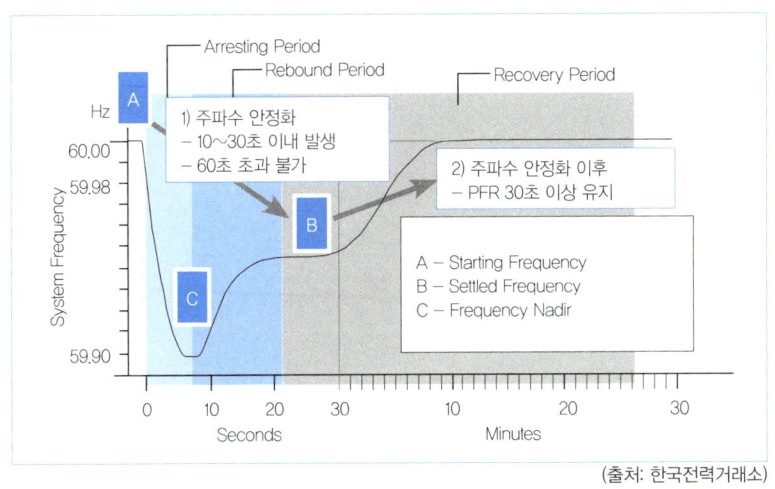

[그림 3-8] 보조서비스 주파수 반응 및 회복시간

내용을 볼 때 아직 먼 나라 이야기로 들릴 수도 있으나 현장을 들여다 봐온 입장에서는 그렇게 먼 나라의 이야기만은 아니다. 냉난방기, 유도전동기의 인버터제어, 조명제어, 워터펌프의 제어, 전기로의 부하 조절 등은 감축량이 많지는 않아도 빠른 응답시간과 적정한 지속시간을 보장한다. 특히 Fast DR이 빠른 응답시간의 부담은 있으나 짧은 지속시간의 강점이 있기에 산업용부하가 충분한 국내에서의 자원발굴은 세계 어느 나라보다 뒤쳐질 리 없다고 본다.

04

마이너스 전기생산

1. 패턴을 조정하는 공장들
2. 패턴을 조정하는 건물들
3. 부하제어 참여사례

2018년 현재 4.3GW의 용량에 60개에 가까운 수요반응자원이 있다. 60여개를 구성한 참여고객(공장, 건물)의 수는 3,500개 이상이다. 2014년 11월 시장이 개설되며 시작되었을 때 1.5GW 용량에 861개 참여고객을 생각하면 놀라운 성장이다. 물론 중간에 부침이 있었고 특히 2018년 초에 탈락한 자원도 많았던 것을 생각하면 앞으로도 어떻게 개선될지 예측하기 어렵다. 그러나 규칙 등 제도 보완의 과정을 통해 양질의 건전한 자원들 중심으로 재편될 것은 틀림없다.

이번 장에서는 공장과 건물이 어떻게 사용량을 줄여서 전력시장에 판매하는지 개략적으로 생각해보고자 한다. 업종과 패턴별로 다양한 공장과 건물들을 획일적으로 정리하기는 어렵다. 3,500개 참여고객의 사용패턴, 참여방법과 성과는 한 곳도 같은 곳이 없다해도 과언이 아니다. 그러나 큰 틀에서 수요자원에 대한 접근방법은 생각해볼 수 있다. 기초적으로 짚어야 하는 것이 비록 포괄적이긴 하더라도 충분한 의미가 있다.

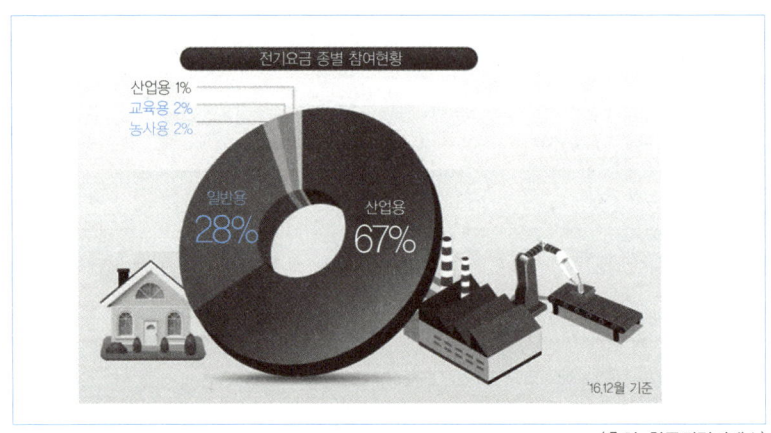

[그림4-1] 전기요금 종별 수요자원거래사장 참여현황

전기요금 종별로 수요자원거래시장에 참여한 현황을 보자. 산업용이 67%나 된다. 일반용인 건물은 28%로 두 번째로 큰 비중이다. 교육용, 농사용이 2%대이고 주택용인 아파트는 1%에 미치는 수준이다. 이는 대규모 공장들의 생산스케줄 조정에 따른 참여가 많다는 것을 보여준다. 일반용에서 부하제어에 참여하기는 쉽지 않다. 주로 냉난방부하인데 계절별 제약은 물론이고 쾌적성에 직결되 때문이다. 그런 가운데서도 쾌적성의 저하를 최소화하며 성실하게 참여하는 건물도 많이 있다. 또한 건물은 소방법과 건축법에 의해 설치된 비상용발전기가 있다. 이러한 비상발전기나 열병합발전기 대체를 통해 부하제어 효과를 내며 참여하는 건물이 많다.

본 장에서 다루어지는 데이터는 '한국전기연구원'과 함께 수요관리측면에서 공장과 건물의 설문, 현장파악, 통계분석한 자료를 참조한 것임을 알려드린다. 앞으로 여러 업종별 월별, 시간별, 부하별 패턴이 나온다. 그러나 이는 당시 대상이 되었던 모수인 공장과 건물들에 한정된 것이지 해당 업종을 대표한다고 보기는 어렵다. 그럼에도 이를 나타내며 설명하는 이유는 참여고객의 패턴을 통해 그들을 보고 이해하는 접근방법을 알려드리려 함이다. 마이너스 발전소가 전기를 생산한다는 것의 개념과 시장에서 인정하는 규칙은 이미 보았다. 그런데 실제로 공장과 건물의 행동은 무엇일까 궁금하다. 그것을 데이터를 통한 그래프로 설명하겠다. 이를 통해 인센티브 기반의 DR에 대해 폭넓게 이해할 수 있다. 에너지 프로슈머 및 컨설턴트로 활동하고자 하는 독자는 현장의 데이터를 보고 DR측면에서 생각하는 관점을 가지게 될 것이다. 업종별 패턴을 보며 '아, 이 업종은 이렇게 전기를 쓰는 구나.'라고 생각하지 마시기를 바란다.

1. 패턴을 조정하는 공장들

공장의 월별 사용패턴

우선 월별 패턴이다. 공장의 12개월에 대한 매월의 전력사용량을 본다. 수요자원은 1년간 약속된 감축가능량이 있어야 한다. 공장에 수요자원화가 가능한 잠재량이 있는 지 판단해야 한다. 잠재량은 크게 TP와 EP, AP로 나뉜다. TP는 Technical Potential로 기술적 잠재량을 말한다. EP는 Economic Potential로 경제적 잠재량이다. AP는 Achievable Potential로 실제 참여가능한 잠재량을 말한다. EP나 AP는 여러 변수를 고려해야 해서 복잡하다. 본 책에서 깊이 다룰 사항은 아니다. 그러나 기술적으로 가능한 TP는 생각해볼 수 있다. 예를 들어 공장이 11개월은 가동하는데 1개월은 전혀 전기를 사용하지 않는다면 고민이 생긴다. 1개월은 TP자체가 존재하지 않는 것이다. 전기사용이 없는 1개월이 있다는 것은 단순하게 보면 전력거래소가 요구하는 수요자원의 조건을 충족시키지 못하는 것이다. 똑똑한 수요관리사업자가 포트폴리오 자원구성을 하면 된다. 어쨌건 공장에 대한 전력사용량을 월별로 체크해야 하는 이유는 분명하다.

산업용 수용가는 다양한 업종만큼 업종별 전력사용행태 다양하다. '산업용 수용가 업종별 부하패턴 분석'에서는 용도별로 구분하여 생각할 것이다. 월별 부하패턴을 통하여 수요반응 의무감축용량 설계에 필요한 주요 수용가군 및 수요관리 목표기간을 정할 수 있다. 공장별로 사용전력의 수준이 서로 다르기 때문에 상대계수로 환산해서 나타낸 것임을 알려드린다.

가) 화학

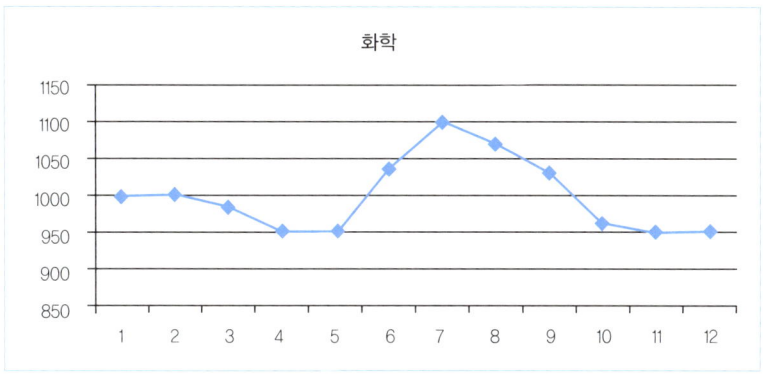

[그림4-2] '화학' 월별 전력피크곡선

'화학'은 대부분 연속공정으로 주요 전력사용은 생산설비에 집중되어 있다. 하계인 7월, 8월에 비교적 높은 전력피크를 가진다. 화학업종의 경우 규모에 따라 상용 자가발전설비를 보유하고 있으며 이를 통한 한전으로서 수전량을 제어할 수 있으므로 수요자원시장에 참여하기 좋다.

나) 철강 및 금속

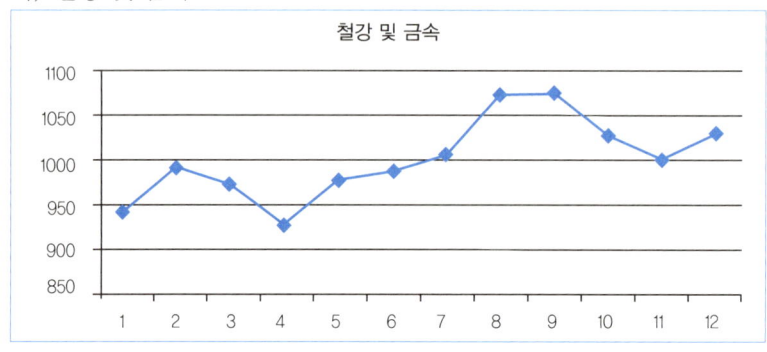

[그림4-3] '철강 및 금속' 월별 전력피크 곡선

'철강 및 금속'은 '화학'과 같이 연속공정으로서 연간 꾸준한 전력수요를 보인다. 8월, 9월에 비교적 높은 전력수요를 보이며 4월의 전력수요 감소는 경기요인으로 인한 일시적인 생산설비 이용률 감소 때문이다. 설문의 대상인 철강업체는 전기로를 사용하는 용융공정에 가장 많은 전력을 소모한다. 특히 일정한 주기(대략 1~2시간)를 가지고 대형 전기로를 가동하는 것은 스케줄 조정 등으로 대용량의 감축이 가능하여 수요자원시장에 참여 하기 좋다.

다) 제지

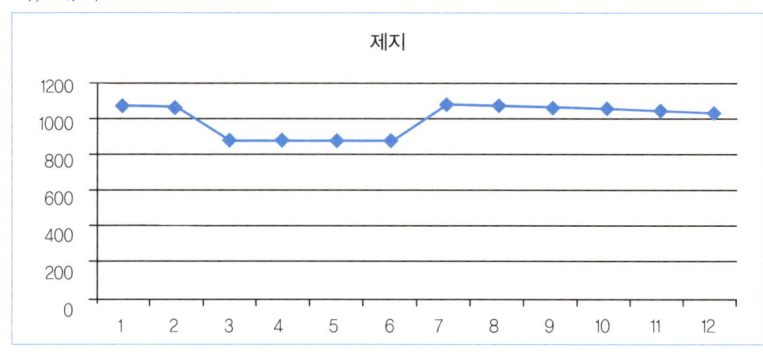

[그림4-4] '제지' 월별 전력피크 곡선

'제지'업종은 연중 일정한 전력수요를 보인다. 제지업종은 대부분이 자동화 되어 있으며, 생산 공정중 섬유질을 추출하여 제지를 생산한다. 생산공정으로 생긴 폐열을 회수하여 공정에 이용하기도 한다. 3월, 4월, 5월, 6월의 전력수요감소는 경기요인으로 인한 생산가동율 감소의 특수한 경우다. 기본적으로 년중 일정한 가동패턴을 가지고 있다.

라) 자동차

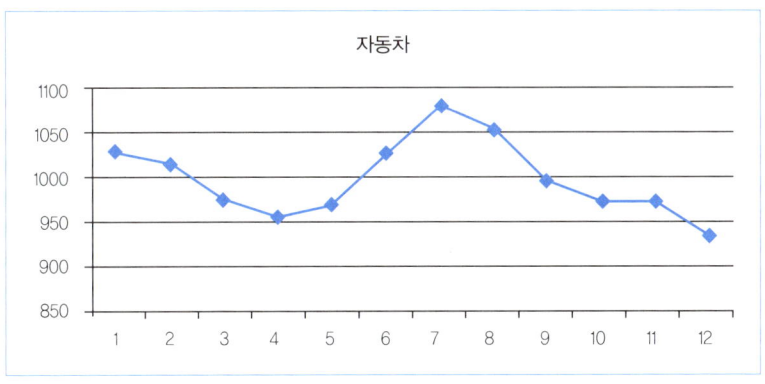

[그림4-5] '자동차' 월별 전력피크 곡선

'자동차'는 7월, 8월에 높은 전력수요를 보인다. 동계역시 높은 전력수요를 보이며 12월의 전력수요감소는 파업으로 인한 설비가동 중단으로 인한 특수한 경우이다. 조립공정으로 수주물량에 대한 변동성이 크다.

마) 식품

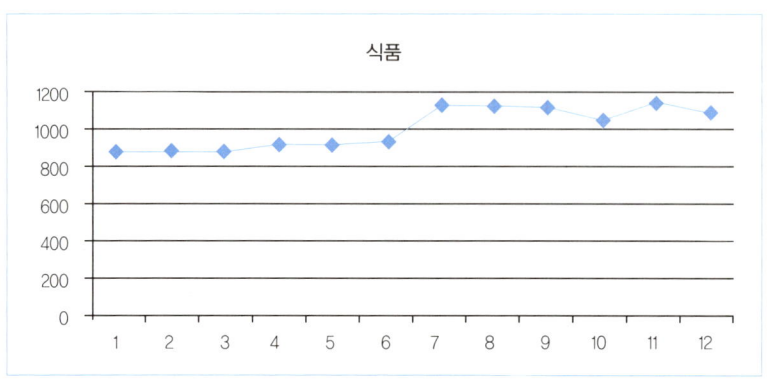

[그림4-6] '식품' 월별 전력피크 곡선

'식품' 업종은 주로 동력을 사용한 공정을 이용하며 음료, 제과류 공장이며 연간 일정한 생산량을 보인다. 제빙류 공장 등의 영향으로 6월 이후 설비가동률 증가로 전력사용량의 증가가 나타남을 볼 수 있다. 최근은 동계에도 아이스크림 판매량이 유지되고 있기에 전월 감축가능한 잠재량을 가지고 있다.

바) 기계

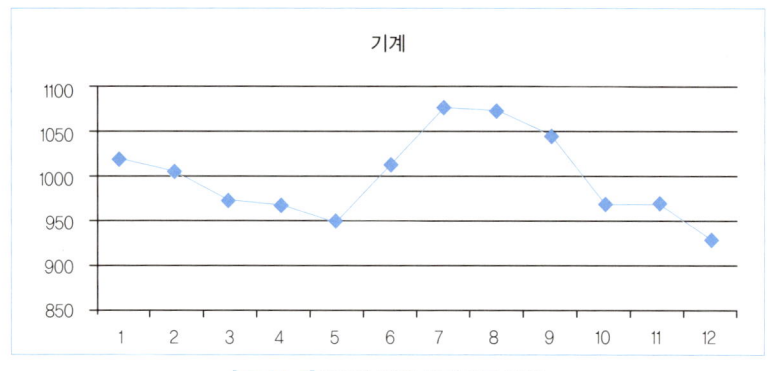

[그림4-7] '기계' 월별 전력피크 곡선

'기계' 업종은 '자동차' 업종과 비슷한 전력수요를 보인다. 조립공정이 다수였으며 생산스케줄에 연동하는 전력패턴이다. 4, 5월과 12월에 사용량이 급격이 떨어짐을 보여준다. 특히 개별 수용가의 경우라면 동계 감축잠재량 여부를 파악할 필요가 있다.

사) 전기, 전자, 반도체

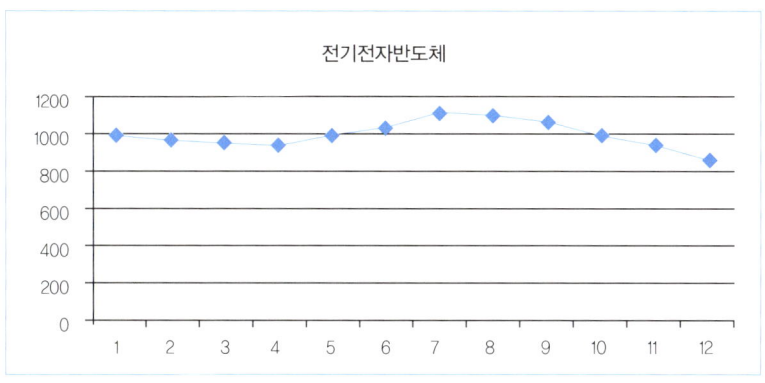

[그림4-8] '전기전자반도체' 월별 전력피크곡선

'전기, 전자, 반도체' 업종은 연중 일정한 전력수요를 보이며 7월, 8월 냉방수요 및 공정의 항온항습부하의 증가로 인한 전력수요이다. 12개월 사용량이 꾸준하여 월별 잠재량은 있지만 특성상 감축가능한 부하는 쉽지 않다. 그러나 이는 그 다음에 고민할 일이고 지금은 월별 패턴파악이다.

공장의 시간별 사용패턴

이제는 시간별 패턴이다. 하루 24시간의 전력사용량의 추이를 보는 것이다. 왜 필요할까? 이제 잘 알다시피 수요자원시장 대상 시간은 09

시부터 20시까지이다. 그 중 12시에서 13시는 제외다. 감축가능 잠재량측면에서 기본적으로 대상 시간의 사용량이 존재해야 한다. 그러나 여기서 주의할 점은 대표성이 있는 하루를 선정해야 하는 것이다. 평일 전체를 볼 수 도 있지만 시간이 많이 걸리고 또 몇 가지 패턴들로 분류가 되기 때문이다. 여기서는 하계 특정일, 동계 특정일, 춘추계 특정일을 설명하겠다.

가) 화학

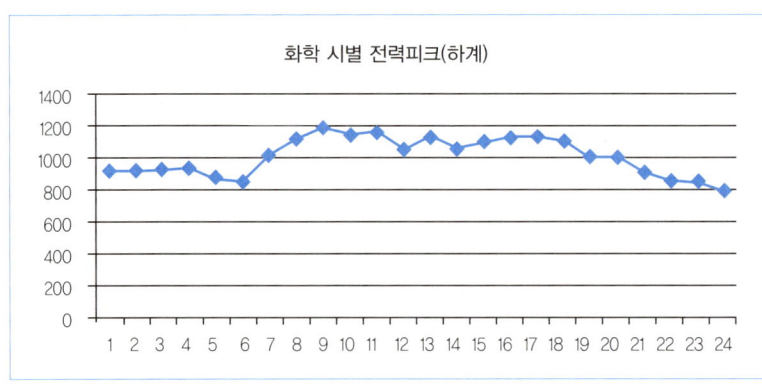

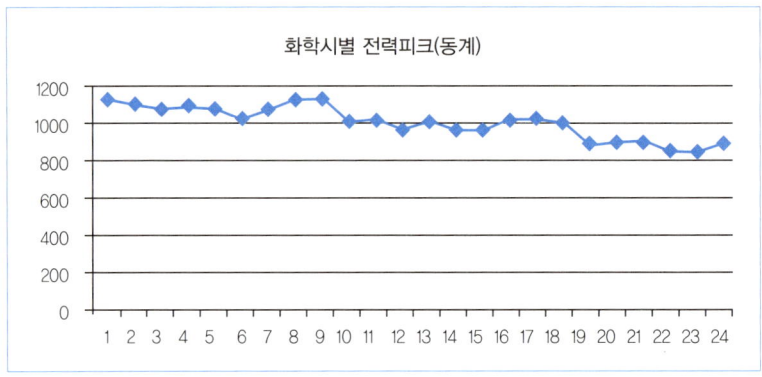

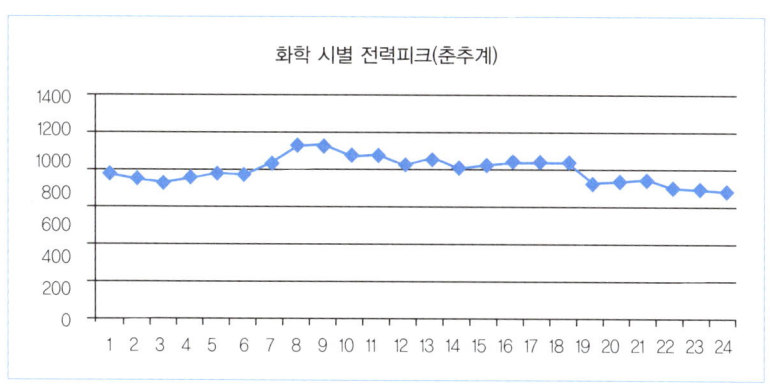

[그림4-9] '화학' 시별 전력피크 곡선

'화학' 업종은 연속공정으로 일간 일정한 전력피크를 보인다. 일부 업체의 경우 심야전력을 사용하여 주간보다 야간에 높은 전력수요를 보인다. 이는 저렴한 경부하요금을 활용하기 때문이다. 동계 전력사용피크곡선을 보이며, 또 다른 업체의 경우 주간보다 야간의 전력수요가 높은 하계, 춘·추계 전력사용피크곡선을 보인다. 하루 24시간 일정한 감축가능한 기술적잠재량(TP)을 가지고 있음이 확인된다.

나) 철강 및 금속

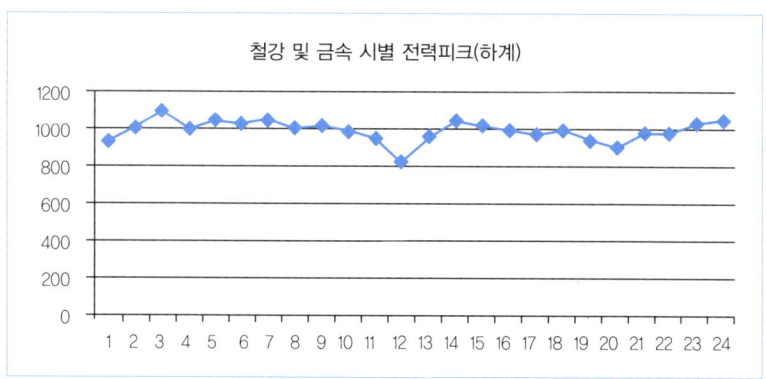

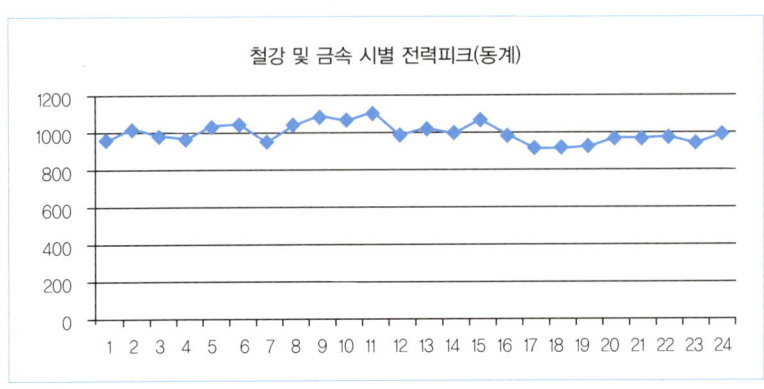

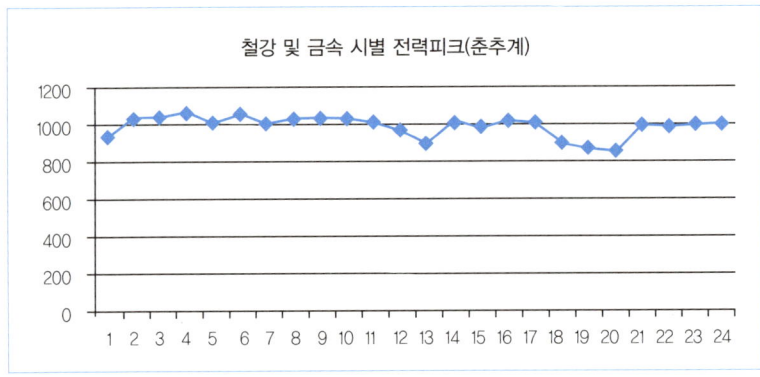

[그림4-10] '철강,금속' 시별 전력피크곡선

'철강 및 금속' 업종 역시 연속공정으로서 일간 꾸준한 전력수요를 보인다. 조사대상인 철강업체는 전기로를 사용하는 업체로서 심야전력을 주로 사용하기 때문에 야간의 전력수요가 높은 특징을 가지고 있다. 심야전력을 사용하지 않은 대상 수용가로 인하여 주간역시 평균이상의 전력수요를 보인다. 최소전력발생시간은 퇴근시간 및 심야전력 적용시간이 아닌 18시에서 20시 사이에 발생한다. 단 소형 주물업체는 17시, 심하면 15시부터 전력사용량이 급감하는 경우가 있다. 특히 동계에 이런 현상이 있는데 생산물량이 없고 전기요금도 비싼 시간대이기 때문이다. 개별 수용가를 진단할 때 시간별 패턴을 분석하는 것은 매우 중요하다. CBL이 없는 구간에 감축요청시 물리적으로 참여가 불가한 리스크를 안아야 하기 때문이다.

다) 제지

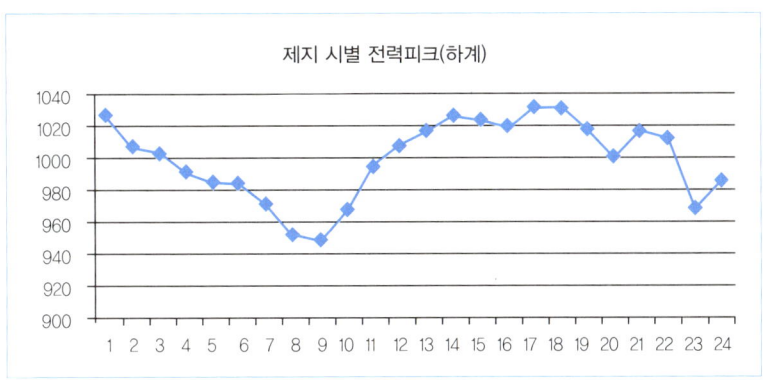

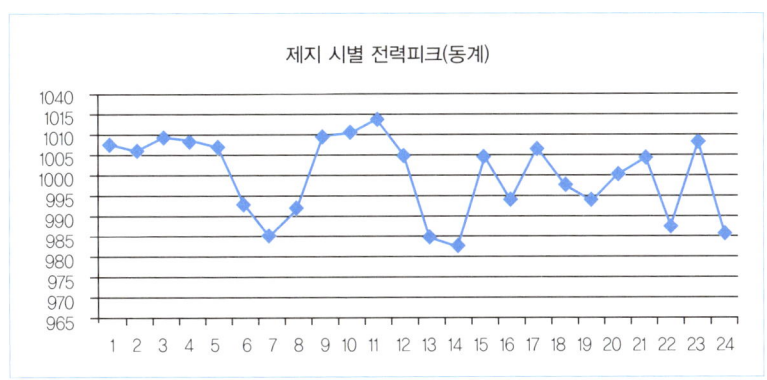

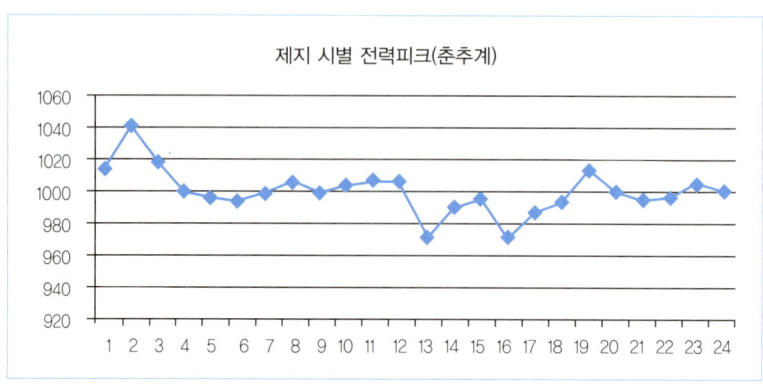

[그림4-11] '제지' 시별 전력피크 곡선

일반적인 '제지' 업종은 24시간 꾸준한 연속공정이다. 또한 주간보다 야간의 전력수요가 비교적 높은 특징을 가지고 있다. 심야전력을 사용하여 주공정에 이용하고 주간시간에는 그 외의 공정을 통하여 전력을 소비한다. 상기 그래프는 모수가 적어서 실제 제지공정에서 벗어나는 형태를 보인다. 상대계수 환산 940에서 1040사이의 약간의 변동성이 있는 부하율을 가지고 있다. 춘추계의 경우 09시부터 20시(12~13시 제외)를 중심으로 감축잠재량을 확인할 필요가 있다.

라) 자동차

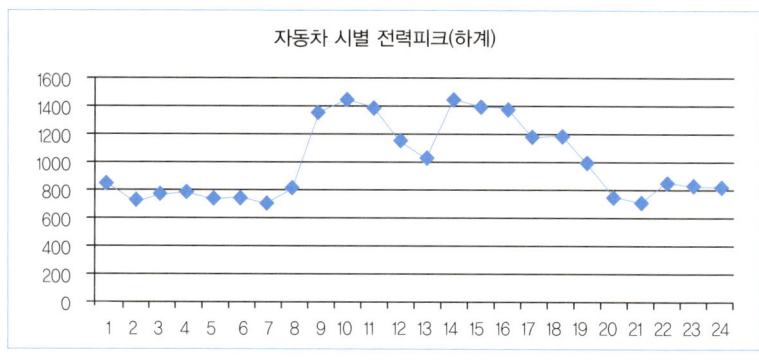

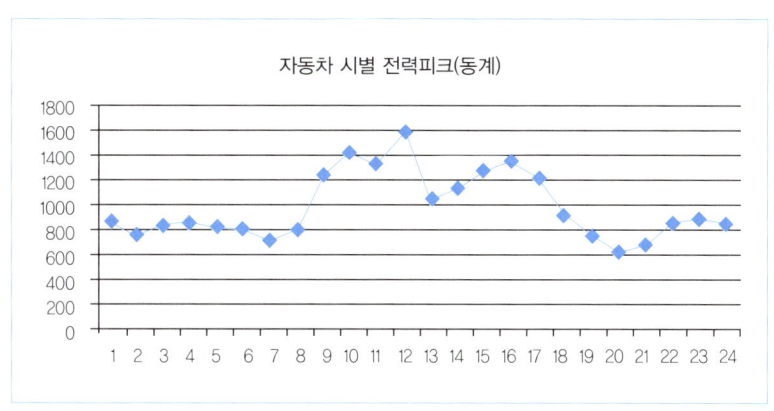

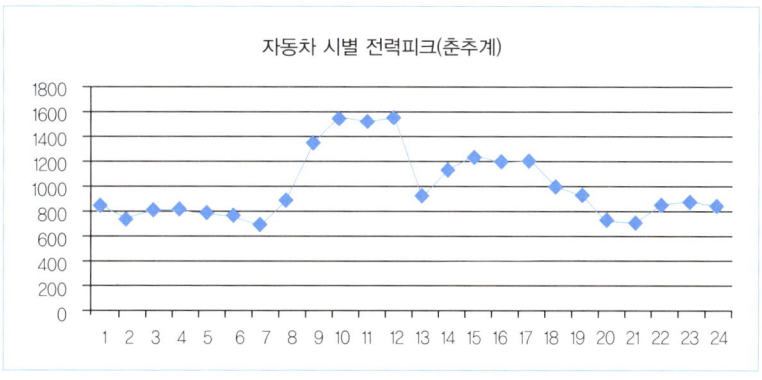

[그림4-12] '자동차' 시별 전력피크곡선

'자동차' 업종은 주간 생산공정으로 인하여 전력수요가 높다. 통상적으로 'M자형'의 패턴을 보이나 경기요인으로 인한 생산량 조절 및 부분파업으로 인하여 하계를 제외한 나머지 계절의 13시에서 18시의 전력사용이 감소하는 특징을 보인다. 상대계수 환산 700에서 1600사이의 매우 큰 변동폭을 가진다.

마) 식품

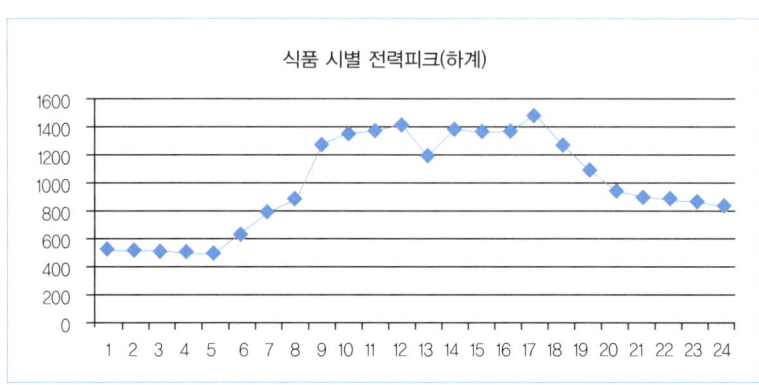

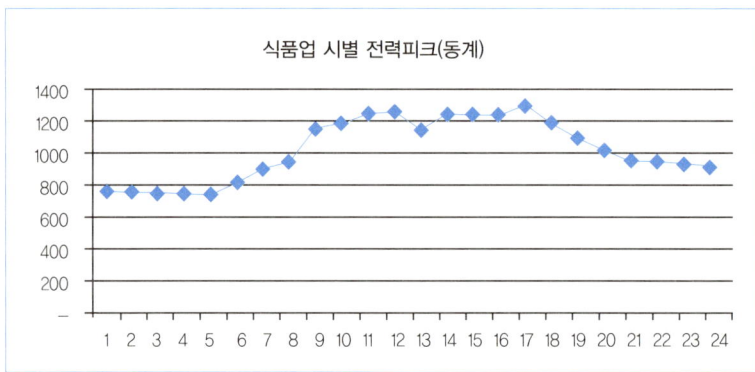

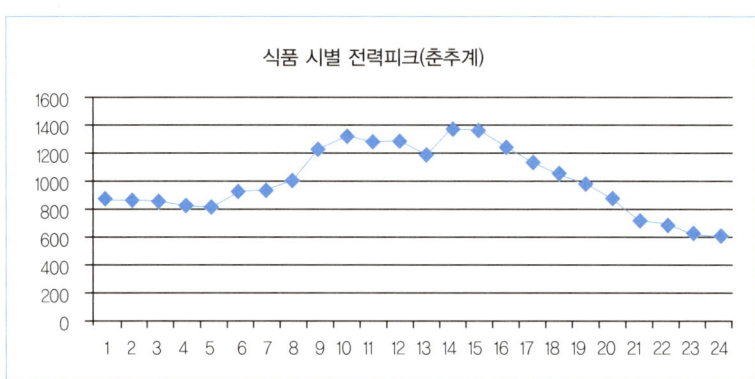

[그림4-13] '식품' 시별 전력피크곡선

'식품' 업종은 08시에서 09시에 급격한 전력수요증가를 보이며 11시~12시 사이에 1차 최대피크를 보이며 15시~16시 사이 2차 최대피크를 보이는 'M자형' 전력사용피크곡선을 보인다. 하계에는 상대계수 환산 300~1500의 피크값을 가진다. 그러나 주로 수요자원시장의 대상시간에는 적정 사용패턴을 가지고 있다. 24시간에 대한 변동성을 보기보다 09시 이후 20시 이전을 보고 판단할 때 해석의 오류를 피할 수 있다.

바) 기계

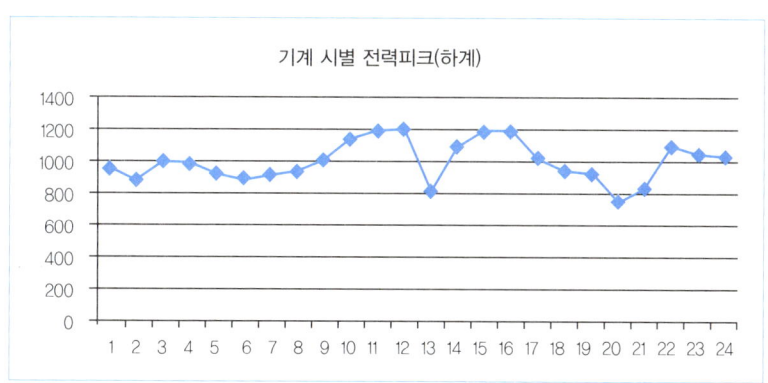

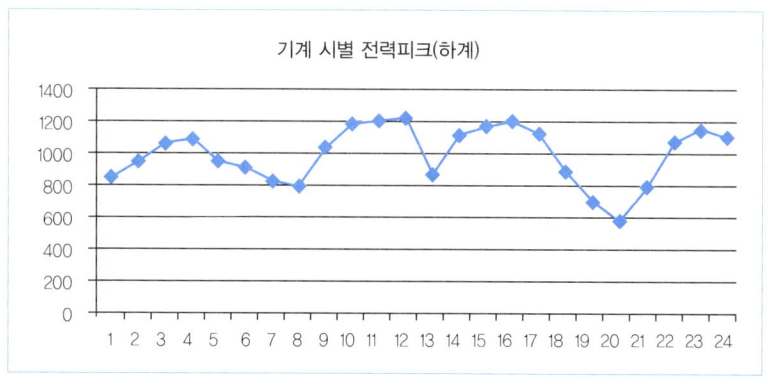

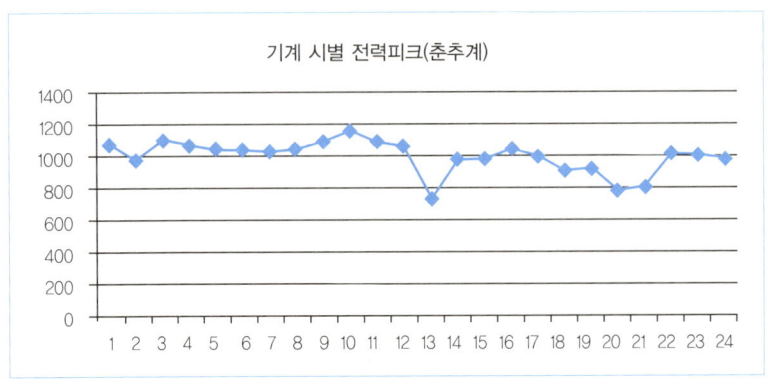

[그림4-14] '기계' 시별 전력피크 곡선

'기계' 업종은 약간의 변동성은 있으나 상대계수 환산 800~1200사이의 값을 유지한다. 시간대별 사용량이 계절의 변화에 큰 영향을 받지는 않는다. 하루 24시간, 특히 수요자원시장 대상시간에는 감축잠재량을 보유하고 있다.

사) 전기, 전자, 반도체

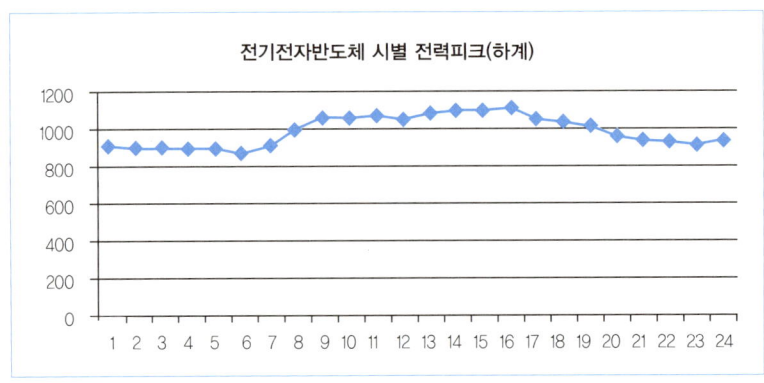

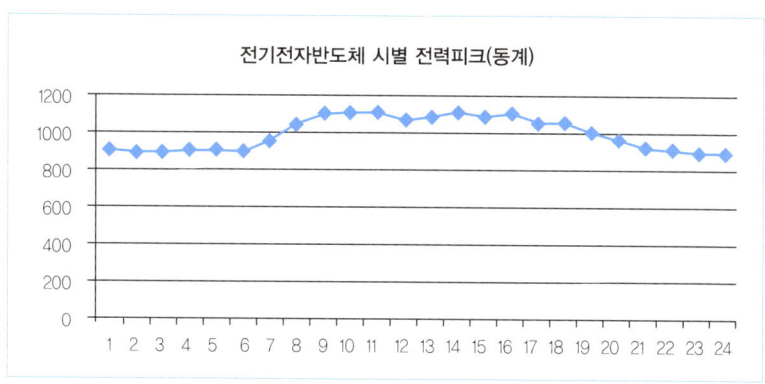

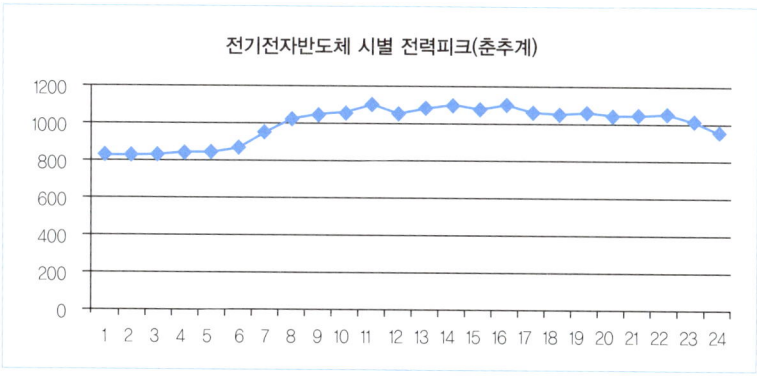

[그림4-15] '전기전자반도체' 시별 전력피크곡선

'전기·전자·반도체' 업종은 비교적 높은 부하율을 보이는 업종으로 상대계수 환산 800~1200사이의 값을 보인다. 경기하강의 영향이 상대적으로 적어 설문대상군중 상당수가 24시간 생산체제하에 설비가동율에 따라 전력수요가 변화한다. 안정적인 패턴을 보이며 시별패턴을 볼 때도 충분한 잠재량을 보유하고 있다.

공장의 용도별 사용패턴

용도별 사용패턴이 왜 중요할까? 전기를 사용하는 전체 설비 중 개별 설비의 비중을 아는 것은 감축가능 설비를 판단할 때 필요한 기초자료다. 주요설비의 사용비중이 크다는 것은 그만큼 사용량이 높다는 것이다. 비중이 큰 설비일수록 감축가능 TP가 많다는 것이다. 상대적으로 중요한 설비이니 부하제어에 어려움이 크다고도 볼 수 있다. 어쨌건 용도별 사용패턴을 아는 것이 필요하며 먼저는 설비비중이다.

가) 연평균 사용패턴

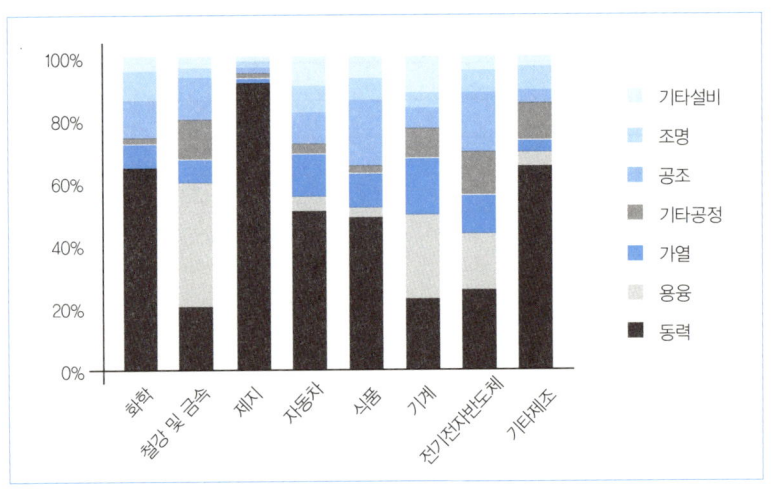

	동력	용융	가열	기타공정	공조	조명	기타설비
화학	76.25	-	7.33	3.73	11.44	7.84	3.5
철강 및 금속	36.44	58	11.74	18.43	15.43	4.51	2.18
제지	95.85	-	0.4	1.5	2.17	1.23	1.5
자동차	65	7.5	13	6	12.4	7.83	6.5
식품	68	5	12.5	5	27.5	8.25	5
기계	38.33	40	21.75	12.75	8.67	4	12.67
전기전자반도체	42.69	25.8	14.64	19.63	18.28	6.1	3.29
기타제조	77.43	5	2.5	11.5	4	7.57	2

[그림4-16] 연평균 용도별 전력사용 비율(산업용)

본 조사에서는 화학업종 중 동력이 76%, 가열이 7.3%, 공조가 11.4%로 나타났다. 동력부하에서 공정에 최소한의 영향을 주면서 1시간 내 감축가능한 자원을 발굴하고 싶어진다. 가열인 7.3%가 감축이 수월한 공정이면 모르겠지만 그런 것이 아니라면 가열공정으로 고민할 필요가 없다. 차라리 공조부하가 조정가능한지 들여다보는 것이 빠르다.

그런데 이를 연평균으로 보는 것에 대해 어떻게 생각하는가? 각 용도별 설비가 연간 꾸준하게 가동되는 것이라면 문제가 없지만 그렇지 않은 곳이라면 심각한 오류를 유발할 수 있는 접근이다. 우리는 공장의 12개월 월별 패턴을 보았다. 그리고 대표성이 있는 날의 시간별 패턴을 보았다. 마지막으로 용도별 비중을 보았다. 이 3가지 접근단계는 기본적이지만 매우 중요하다. 여기서 화룡점정은 각 용도에 대한 월별 패턴과 시간별 패턴을 보는 것이다. 공장 및 생산특성상 용도별 설비들이 가동 월과 시간이 달라질 수 있기 때문이다. 달라진다면 달라지는 그 포인트가 수요자원 감축량 설계시 매우 중요하다.

공장 전체의 월별, 시간별 패턴은 한전이 제공하는 사이트에서 확인할 수 있다. 용도별 비중은 현장 인터뷰를 통해 어렵지 않게 파악할 수 있다. 그런데 용도별 상세 포인트의 월별, 시간별 패턴을 아는 것은 어려운 일이다. 큰돈을 들여 공장의 FEMS(Factory Energy Management System)를 구축해야 가능한 일이다. 그러나 이가 없으면 잇몸이다. 세부적 인터뷰를 통해 추정하는 수밖에 없다. 전문가라면 인터뷰를 통해서도 어느 정도 중요한 포인트를 짚을 수 있다.

단순하게 용도별에 대한 비중을 동계와 하계로만 나누어서 보면 이것이 왜 중요한지 알 수 있다. 산업용은 계절별로 차이가 그렇게 많지 않다. 이후 일반용인 건물 용도별 패턴의 차이를 볼 때 충분한 설명이 된다. 그렇더라도 식품업종의 경우 차이가 보인다. 본 조사를 기초로, 하계의 조명과 동력 그리고 동계의 조명과 동력을 비교해보자. 하계는 공조의 비중이 18.75%로 큰 반면 동계의 공조는 비중은 5%로 낮다. 대신 동계의 동력은 76.5%로 하계 61.75%에 비해 높다(또한 상대적 백분율이므로 동계와 하계의 전체 사용량이 다른 점도 고려해야 한다). 어쨌건 세부용도인 공조의 월간, 시간별 패턴을 무시하고, 연평균 전기사용량만으론 공조에 대한 연간 의무감축량을 제대로 판단할 수 없다.

나) 하계평균 사용패턴

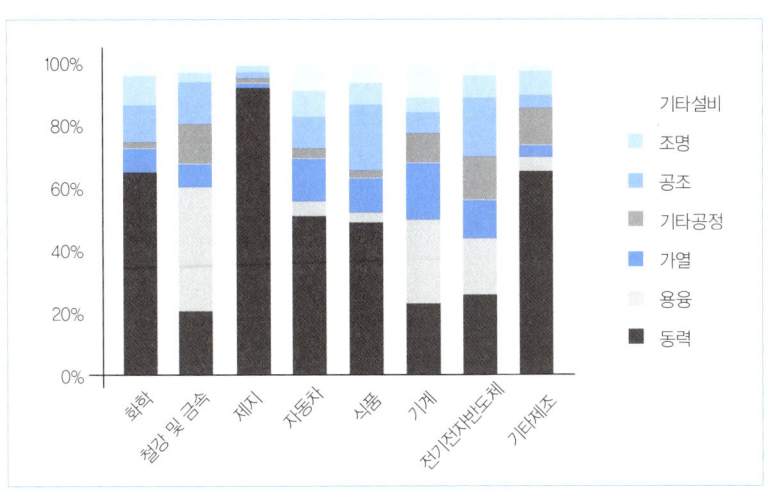

	동력	용융	가열	기타공정	공조	조명	기타설비
화학	75.64	–	6.6	4.07	12.06	7.5	3.7
철강 및 금속	36.67	56	11.61	18.71	14.5	4.26	2.34
제지	95.85	–	0.4	1.5	2.17	1.23	1.5
자동차	63.33	10	1.3	6	11.4	7.83	6.5
식품	61.75	5	10	10	18.75	7	5
기계	38.33	40	21.75	13.25	10.33	3.67	12.67
전기전자반도체	40.56	25.98	14.65	20.26	16.34	5.71	4.01
기타제조	72.43	10	6.5	12.5	4	7.57	2

[그림4-17] 하계평균 용도별 전력사용 비율(산업용)

다) 동계평균 사용패턴

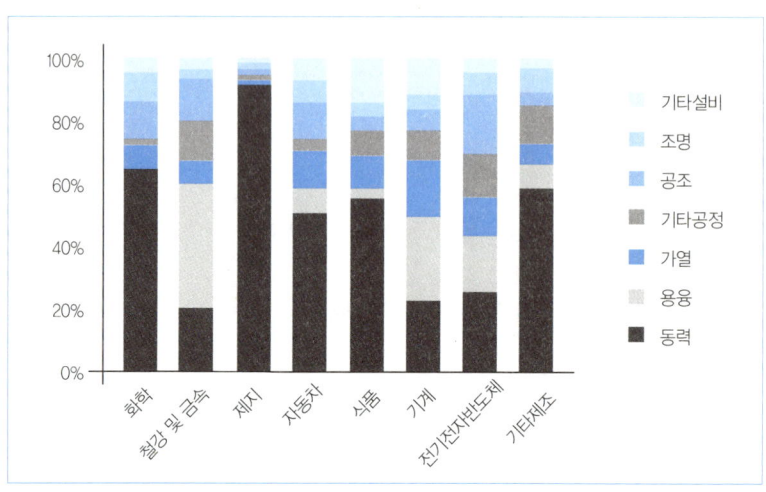

	동력	용융	가열	기타공정	공조	조명	기타설비
화학	76.63	–	9.27	4.43	10.72	8.01	2.92
철강 및 금속	34.89	58.2	11.74	18.43	10.75	8.88	2.17
제지	95.85	–	0.4	1.5	2.17	1.23	1.5
자동차	65	12.5	16.75	6.5	10.4	7	5.5
식품	76.5	5	12.5	10	5	7.25	15
기계	36.67	40	21.75	12.75	10.33	4	12.67
전기전자반도체	40.11	25.98	17.15	20.26	15.43	6.16	4.01
기타제조	72.43	10	6.5	12.5	4	7.57	2

[그림4-18] 동계평균 용도별 전력사용 비율(산업용)

[표 4-1] 공장의 주요 감축가능 자원

업종	주요 (전력다소비) End-Use/설비	DR자원 식별/특성	
		DR자원	자원특성
식료품		냉난방공조	- 냉동창고, 냉각라인 등 부하이전을 통해 전력부하잠재량 확보. 피크시간 전후에 급냉을 하며, 피크시간에 상대적으로 전력감축. - 배합 및 주입공정에서 생산품 조정, 최종 세척과정 스케줄 조정으로 자원의 확보.
석유화학	압출, 액화	압출/사출기, 컴프레사 (액화)	- 비 연속공정 일부에서 일정시간 설비 정지를 통해 부하자원 확보.
1차금속	용해, 전기로	전기로	- 전기로 가동율 조정으로 전력 부하 잠재량 확보 - 전기로 최저 사용 및 발전기 Back-up으로 전력 부하잠재량 확보
조립금속	냉간압연, 압축기	신선기, 전기로	- 신선로, 압연기 가동시간 조정을 통한 전력부하이전 가능 (비연속공정을 통한)
기타기계	압축기, 이송	컴프레사, 전기로	- 컴프레사, 전기로 등 생산설비 일정조정을 통한 전력부하이전.
섬유의복	소면, 연조, 조방	카바링	- 카바링은 실의 탄력성과 내구성 향상을 위한 모터설비 공정으로, 비연속 공정운영이 가능하여 피크시 부하제어가 가능함.
요업	채광, 킬른, 분쇄	MILL	- 채광공정에서 야적공간 확보 및 저장으로 피크시 Crash Mill 가동중지로 부하자원 확보.(주로 피크시 가동) - 석회석과 부원료 혼합후 피크시점을 피해 Raw Mill을 통한 미분원료 생산후 원료저장 가능. - 소성공정을 통해 나온 클랭커를 Cement Mill을 통해 분쇄하는데 저장창고 확보로 Cement Mill 전력 부하자원 가능.
펄프종이	초지, 조성, 코팅	리파이너, 펄퍼	- 조성공정 중 펄프나 고지의 해리 및 배합 후 저장창고 보관으로 조성공정 전력량을 잠재자원으로 확보 가능. - 생산품목 조정으로 인한 VVVF 전력사용량 감소로 잠재량 확보(펄퍼, 리파이너)

[표 4-2] 산업용 공장별 DR자원 예시

업체명	피크전력(kW)	연피크대비(%)	수요자원 가능량(kW)	설비대비(%)	설비종류
A공장	32,745	1.12	333	0.56 6.11	동력 냉난방
B공장	23,962	–	–	–	냉난방
C공장	1,976	20.24	400	25.3 25.3	동력 냉난방
D공장	–	–	36,000	–	용융
E공장	–	–	27,000	–	용융
F공장	152,131	6.57	10,000	8.22	공정/생산
G공장	42,420	11.79	5,000	26.19	용융
H공장	416,640	38.4	160,000	54.86	용융
I공장	1,775	5.63	100		냉난방

2. 패턴을 조정하는 건물들

건물의 월별 사용패턴

역시 건물도 월별 패턴을 봐야 한다. 특히 냉난방 등 계절에 대한 영향을 많이 받는 특성상 월별 TP를 체크하는 것은 중요하다. 일반용 수용가는 용도별로 전력설비들의 구성이 흡사하다. '일반 수용가 업종별 부하패턴 분석'에서는 용도별로 구분하며 생각할 것이다. 월별 부하패턴을 통하여 수요자원 감축용량설계에 필요한 주요 수용가군 및 수요관리 목표기간을 정할 수 있다.

가) 사무실

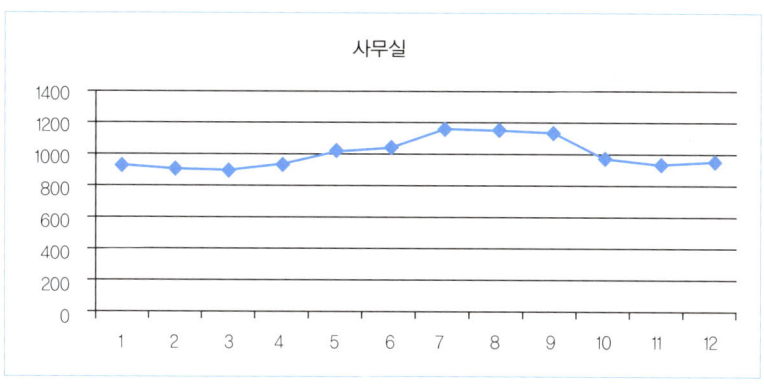

[그림4-19] '사무실' 월별 전력피크 곡선

'사무실'은 대표적인 일반용 수용가이다. 7, 8, 9월에 높은 전력수요를 가지며 8월의 하계휴가로 인하여 7, 9월과 비슷한 피크를 가진다. 하계를 제외한 춘계, 추계, 동계에는 상대적으로 비슷한 전력수요를 보인다. 겨울철 난방의 수요가 국가적으로 높아지고 있으나 대부분 사무실 건물의 난방부하는 LNG연료인 보일러이기에 동계피크가 두드러지지 않았다. 그러나 상기 모수에 포함되지 않았을 뿐 최근 동계의 중앙난방이 아닌 EHP를 통한 개별 난방부하 수요가 높은 사무실도 늘어나고 있다.

나) 주상복합

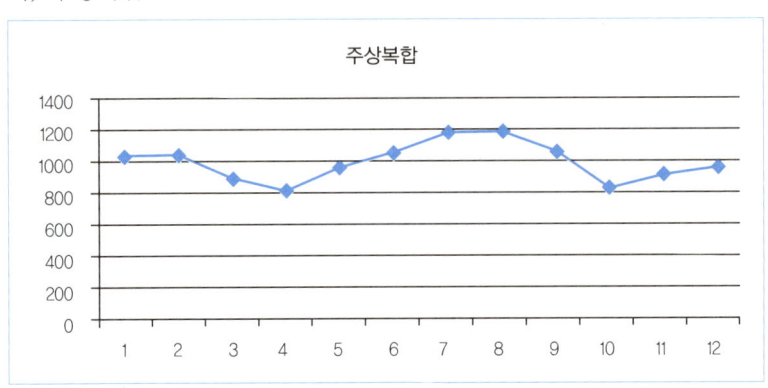

[그림4-20] '주상복합' 월별 전력피크 곡선

'주상복합'은 상가 및 주택이 혼용되어 있는 형태로서 최근에 급격히 늘어나고 있는 수용가중 하나이다. 그림과 같이 7, 8월에 높은 전력수요를 보이며 동계역시 상대적으로 높은 전력수요를 보인다. 업무용과 같이 7, 8월의 전력수요의 증가는 냉방용부하의 증가, 동계의 전력수요는 난방부하의 증가 주요 원인이다. 최근 고층의 주상복합의 건설이 늘어나고 있으며 다른 수용가들과 달리 난방까지 전기에너지를 사용하는 비중이 늘어나고 있다.

다) 연구소

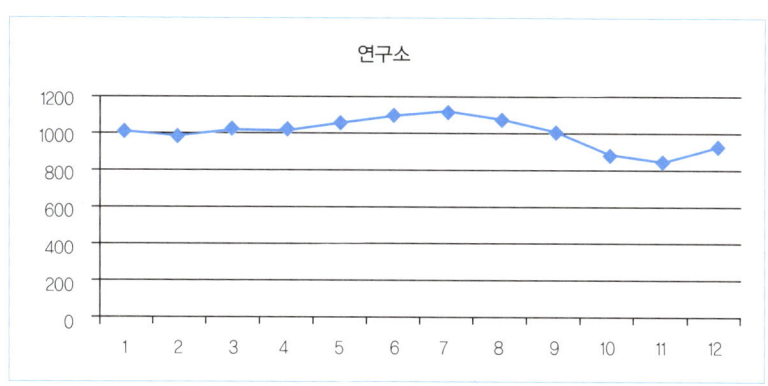

[그림4-21] '연구소' 월별 전력피크 곡선

'연구소'는 지속적인 전력이 필요한 연구설비로 인하여 상대적으로 높은 부하율을 보인다. 10월, 11월, 12월의 일시적인 피크의 감소는 일부 대상수용가의 일시적인 전력수요 감소가 원인으로 보인다. 하계의 냉방수요로 인한 피크를 제외하고는 일정한 전력수요를 보인다.

라) 호텔 및 숙박

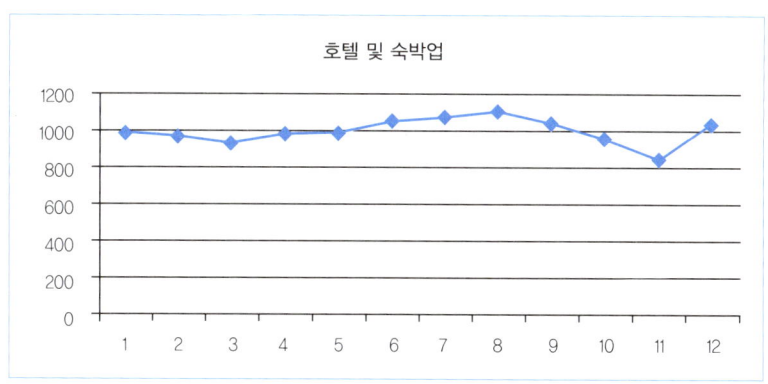

[그림4-22] '호텔 및 숙박업' 월별 전력피크 곡선

'호텔 및 숙박'은 숙박의 서비스를 제공하는 업종으로 연간 일정한 전력사용을 보인다. 11월에 감소하는 형태는 모집단의 특수성으로 인해 나타난 현상이다. 하계, 동계의 전력수요증가는 냉·난수요 증가가 원인이다.

마) 대학교

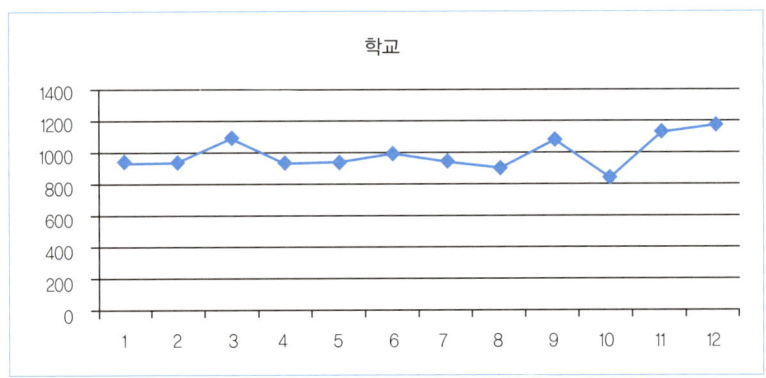

[그림4-23] '대학교' 월별 전력피크 곡선

'대학교'는 다른 수용가와 다른 월별피크를 가진다. 대학교의 경우 1월, 2월 그리고 7월, 8월에 방학으로 인하여 전력수요가 감소한다. 그러나 도서관 등 계절과 무관한 지속적 부하도 고려해야 한다. 9월, 11월, 12월의 전력수요의 급증은 개강으로 인한 냉·난방 수요의 증가가 중요한 원인이다. 또한, 다른 수용가들과는 달리 EHP와 같은 기기가 다수 설치되어 있어 동계 수요관리 프로그램의 기술적 잠재량은 높다.

바) 병원

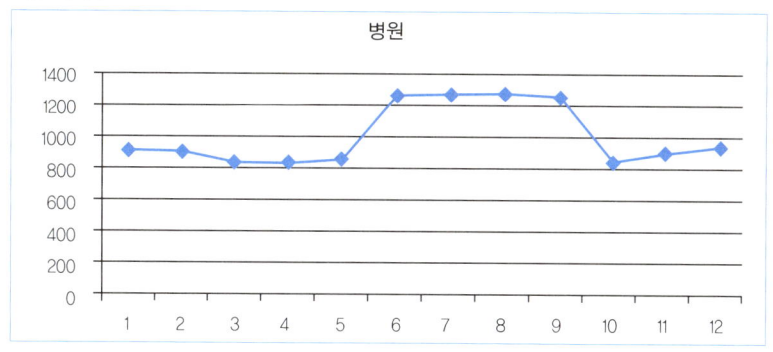

[그림4-24] '병원' 월별 전력피크곡선

'병원'은 6월, 7월, 8월, 9월에 높은 전력수요를 보인다. 사계절 적정 실내온도를 유지해야 한다. 병원은 특성상 부하제어가 쉽지는 않다. 대신 중요설비인만큼 비상발전기, 열병합발전기가 잘 구축되어 있다. 대체 전원을 활용한 수요자원시장 참여에 대해서 별도로 판단할 수 있다.

사) IDC센터

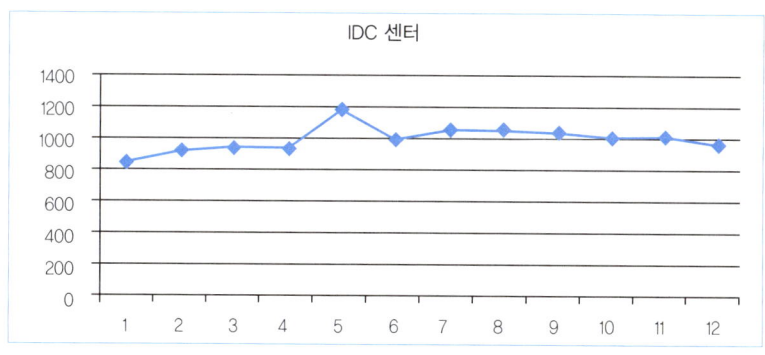

[그림4-25] 'IDC센터' 월별 전력피크곡선

'IDC센터'는 대전력을 사용하는 일반용 수용가로서 연중 24시간 항온, 항습을 위한 장비 및 기기들이 사용된다. 5월의 일시적인 전력사용의 증가는 특정 대상군의 전력사용량 급증 때문인 일시적인 현상이다. 하계의 항온, 항습을 위한 높은 전력소비를 보이며 동계의 경우 장비의 자체 발열로 인하여 상대적으로 항온항습기의 전력소모가 적어지는 특징이 있다. 중요설비로 비상발전기, 열병합발전기가 잘 구축되어 있다. 부하전환의 리스크를 최소화하는 CTTS설비나 계통연계 등으로 대체전원을 활용할 가치가 있다.

아) 백화점, 상가

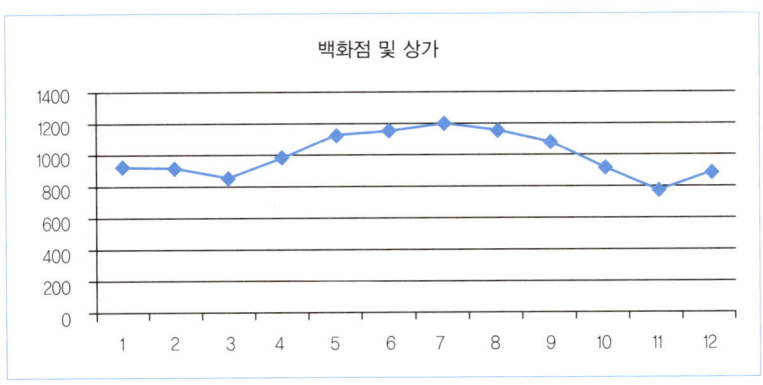

[그림4-26] '백화점, 상가' 월별 전력피크곡선

'백화점 및 상가'는 소비자를 위한 쾌적한 냉·난방이 요구되며 특히, 다른 수용가들과는 달리 연평균 기온이 상승하는 5월경부터 전력수요가 증가며 8월, 9월의 피크시즌을 기점으로 점차 전력수요가 감소한다. 동계역시 난방수요로 인한 전력증가의 특징을 보인다. 현재 수요자원시장에 많은 대형마트가 참여하고 있다. 실적이 들쑥날쑥한 연유는 바로 냉난방 부분제어에 대한 민원으로 인함이다.

건물의 시간별 사용패턴

건물에서 시간별 패턴 분석 연속공정 및 24시간 공정이 많은 산업용에 비해 더욱 중요하다. 다음의 그래프에서 09시부터 20시를 제대로 보면서 일반용 수용가의 특성에 접근해보자.

또한 대표성이 있는 계절별 대상 일을 선택하는 것도 중요하다. 다음에서 일반용 요금을 적용받는 수용가의 하계, 동계, 춘·추계의 시별 부하패턴 분석을 통해 수요자원을 발굴하고 적정용량을 설계할 수 있다. 역시 다수의 수용가가 섞여있어서 시별 피크전력을 상대계수화하여, 업종별 전력사용패턴을 분석하였다.

가) 사무실

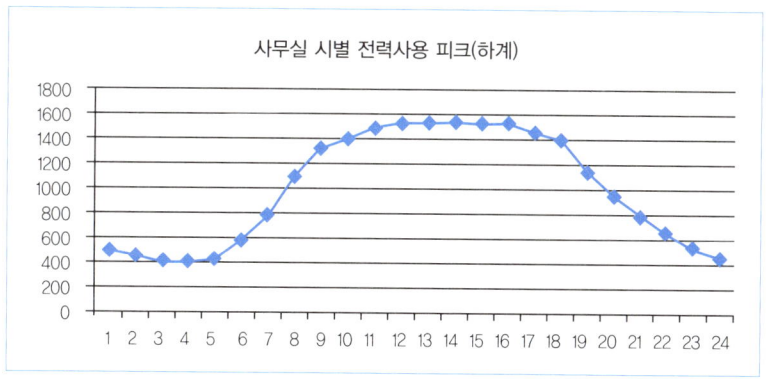

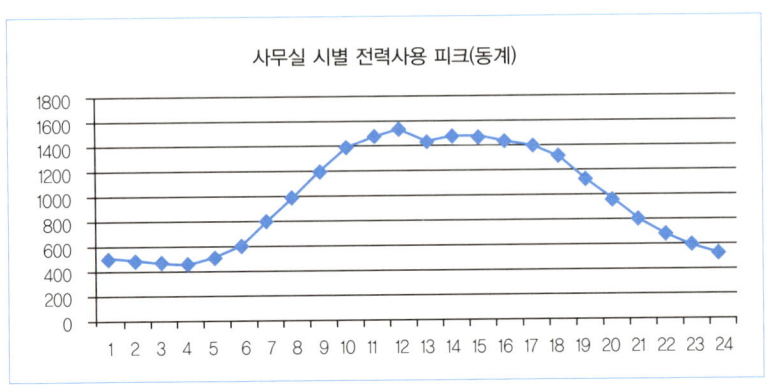

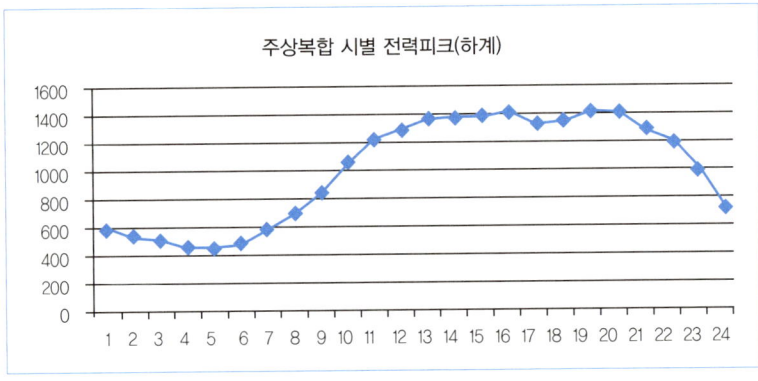

[그림4-27] '사무실' 시별 전력피크곡선

'사무실'은 하계, 동계, 춘·추계 모두 비슷한 전력패턴을 보인다. 상대계수로 환산한 그래프가 400에서 1600사이에서 변동되는 큰 변화를 보이며 23시부터 06시까지 최저수요를 보이며 07시부터 점차 증가하여 출근시간인 09시부터 퇴근시간인 18시까지 높은 전력수요를 보인다. 18시 이후 점차 전력수요가 감소하는 특징을 보인다. 최대전력 발생시간은 11시~15시 사이에 최소전력발생시간은 02시~04시에 발생하였다. 수요자원시장 대상시간의 TP는 충분함을 볼 수 있다.

나) 주상복합

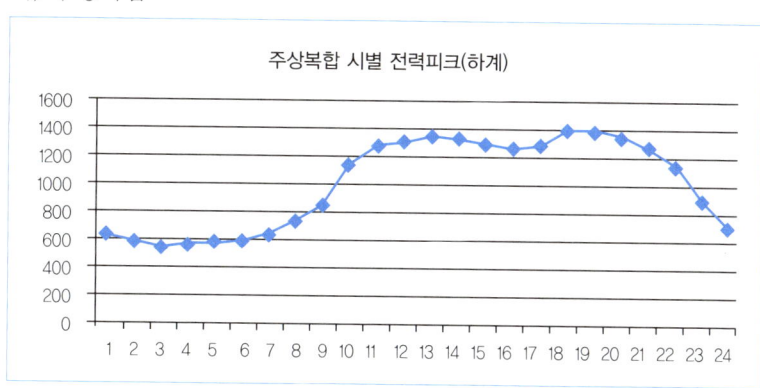

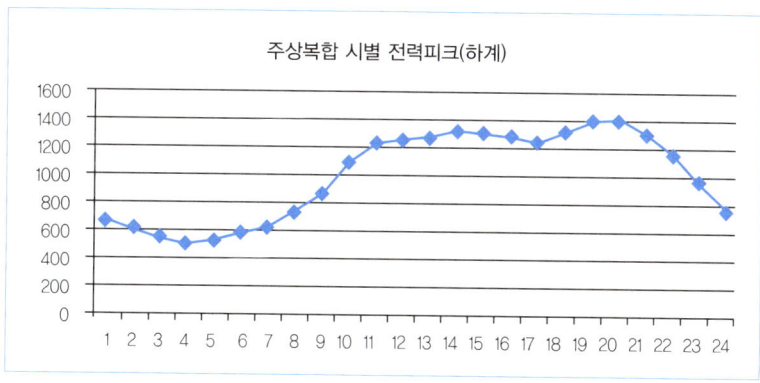

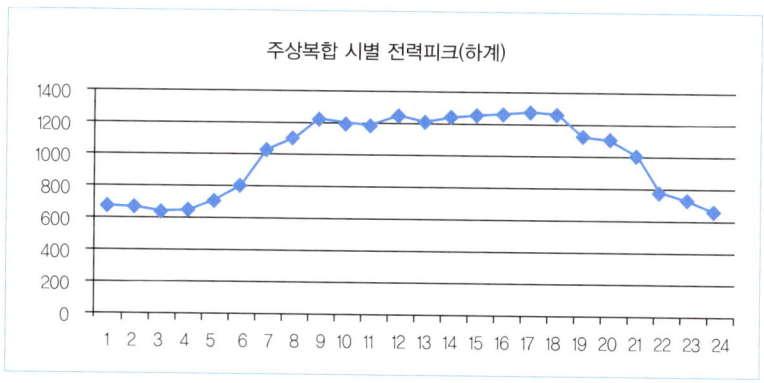

[그림4-27] '주상복합' 시별 전력피크곡선

'주상복합'은 상가 및 주택이 혼용되어 있어 시별 전력피크 역시 주택용과 일반용(상가)의 전력수요가 복합되어 있는 피크곡선을 보인다. 하계, 동계, 춘추계의 시별 전력피크는 'M자 형태'를 보인다. 하계, 동계는 07시 이후 급격히 부하가 급증하여 11시경에 이르러 감소폭이 둔화되며 퇴근시간대의 18시~19시경에 최대피크를 보인다. 상대계수로 환산한 그래프가 400에서 1400사이에서 변동되는 비교적 큰 전력수요 변화가 발생하였다. 퇴근시간대인 18시~19시경이 최대전력발생시간이며 최소전력발생시간은 03~05시에 발생하였다. 주택부하로 20시 이하의 사용량의 잠재량이 충분하지만 수요자원시장 대상시간이 아니므로 고려하지 않는다.

다) 연구소

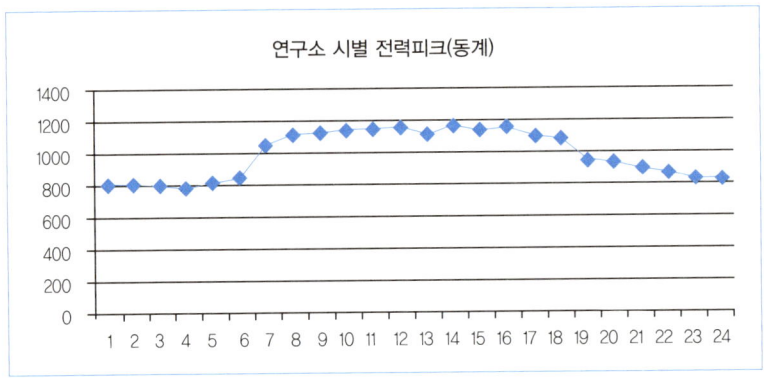

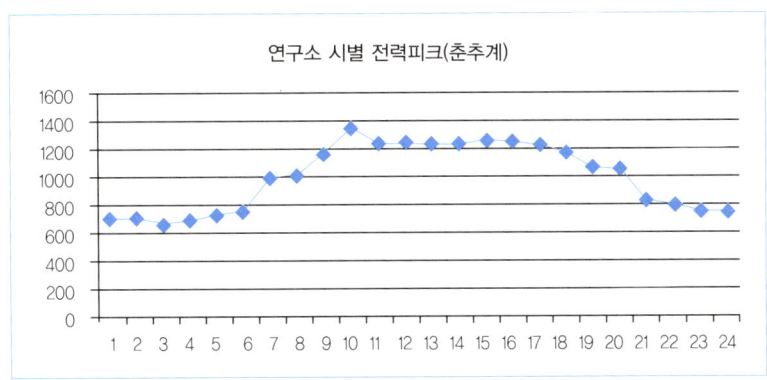

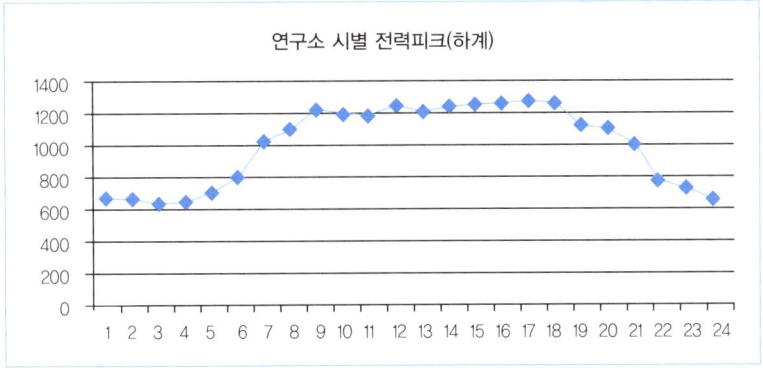

[그림4-28] '연구소' 시별 전력피크곡선

'연구소'는 06시~07시에 부하가 급증하여 09시부터 18시까지 비교적 일정한 전력수요를 보이며 퇴근시간인 18시 이후 점차 전력수요가 감소하는 '국자형태'를 보인다. 하계의 경우 상대계수로 환산 600에서 1300사이에서 변동되며, 동계에는 800에서 1200사이의 변동을 보인다. 최소전력발생시간은 02시~05시에 발생하였다. 그러나 수요관리 대상시간이 아니므로 최소전력으로 인한 잠재량 축소는 고려대상에서 제외된다.

라) 호텔 · 숙박업

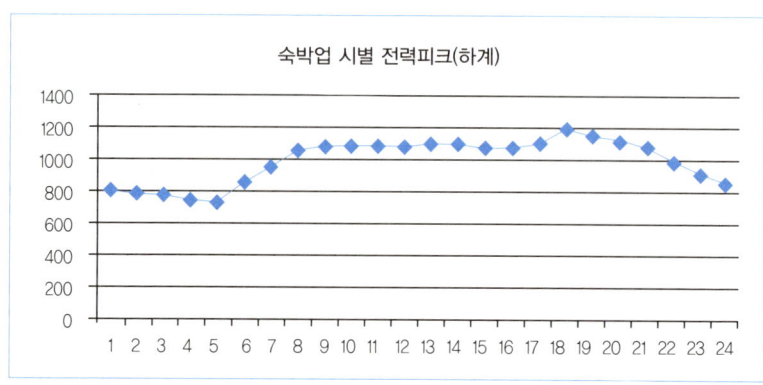

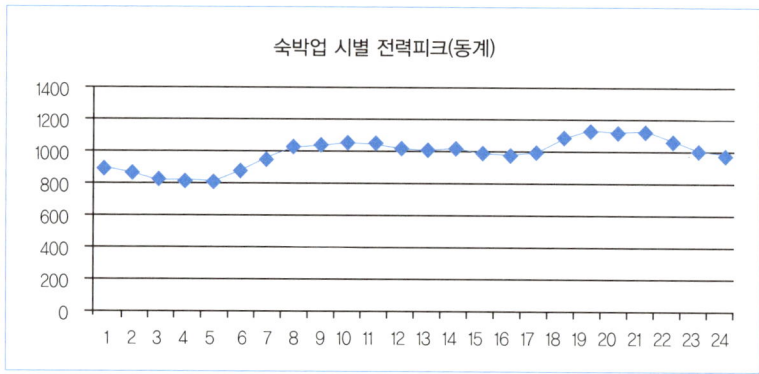

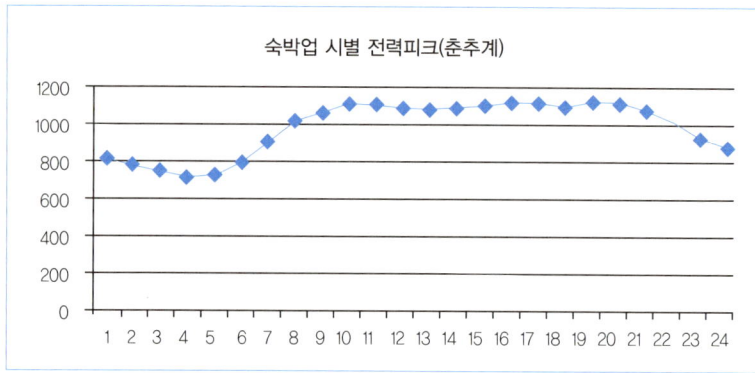

[그림4-29] '호텔 · 숙박업' 시별 전력피크 곡선

'호텔·숙박'업종은 18시~20시의 전력수요가 높은 주택용과 비슷한 전력수요패턴을 보인다. 06시 이후 급격히 전력사용이 급증하여 08시부터 20시까지 비교적 일정한 전력사용패턴을 보인다. 하계, 동계, 춘·추계의 상대계수 700에서 1200 사이의 비교적 높은 부하율을 보이며, 최소전력발생시간은 02시~05시이며, 최대발생시간은 18시~20시에 발생하였다.

마) 대학교

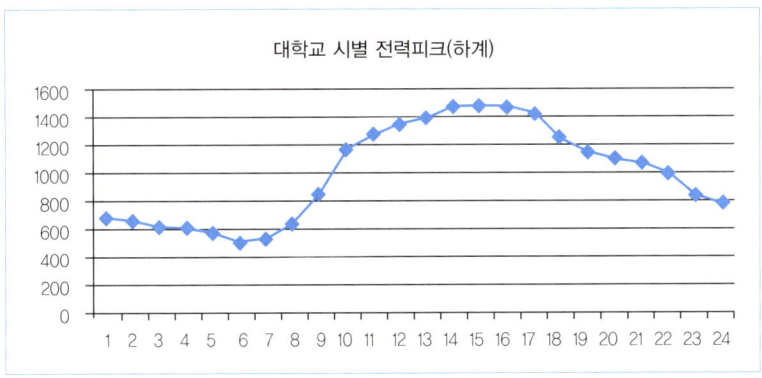

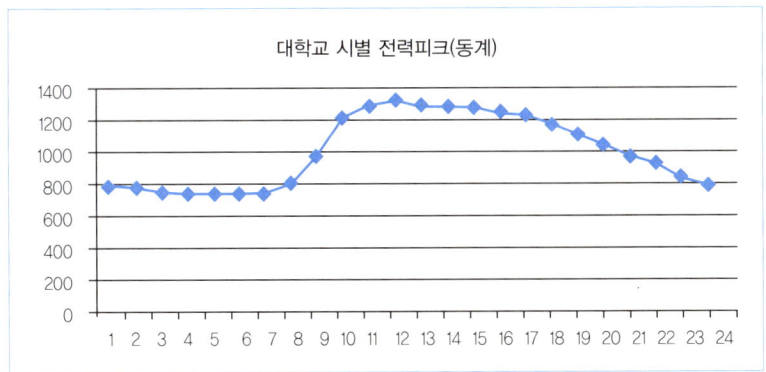

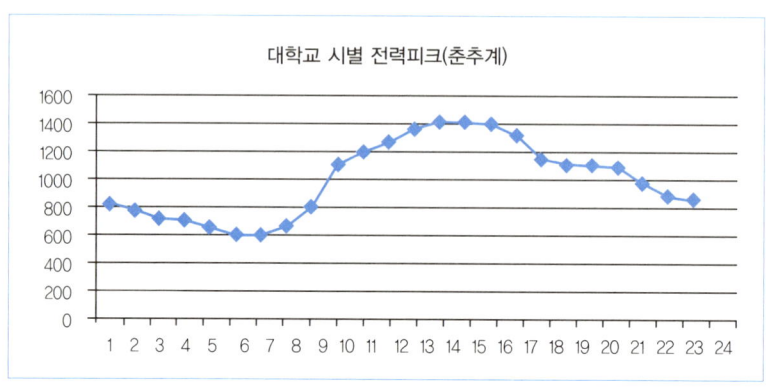

[그림4-30] '대학교' 시별 전력피크 곡선

'대학교'는 09시부터 부하가 급증하여 14시에서 16시까지 최대수요를 보이며 17시 이후 점차 부하가 감소한다. 상대계수 500에서 1500사이로 변동폭이 크다. 하계, 동계, 춘·추계의 주요전력 발생시간은 강의 시간과 일치함을 알 수 있다. 최소전력발생시간은 04시부터 07시이며, 최대발생시간은 14시에서 16시에 발생하였다.

바) 병원

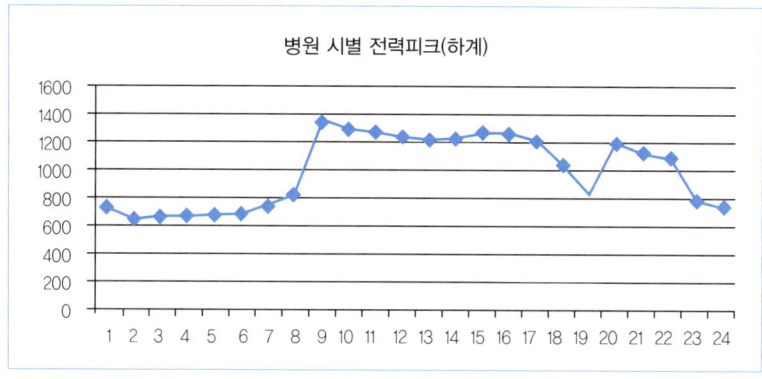

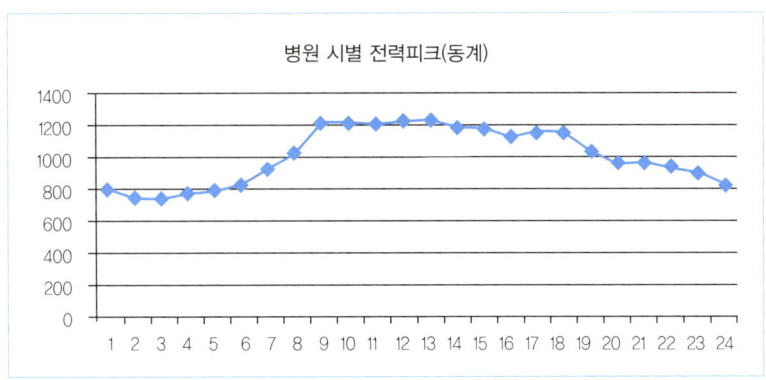

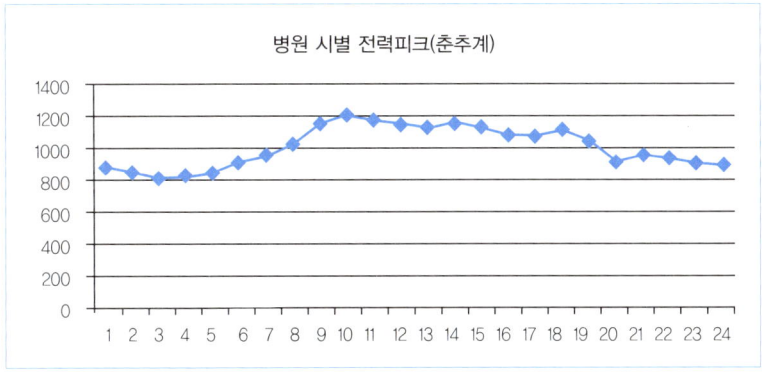

[그림4-31] '병원' 시별 전력피크곡선

'병원'은 진료개시시간인 09시부터 부하가 급증하여 최대수요를 보이며 18시 이후 지속적인 전력수요감소를 보이며, 상대계수는 700에서 1400사이이다. 입원실이 있는 병원의 특성상 24시간 상대적으로 꾸준한 사용량을 보이고 있다. 감축잠재량은 일정하게 보유하고 있으나 실제 감축가능자원을 정밀 진단하거나 대체자원인 발전설비를 이용하는 쪽으로 접근할 수 있다.

사) IDC센터

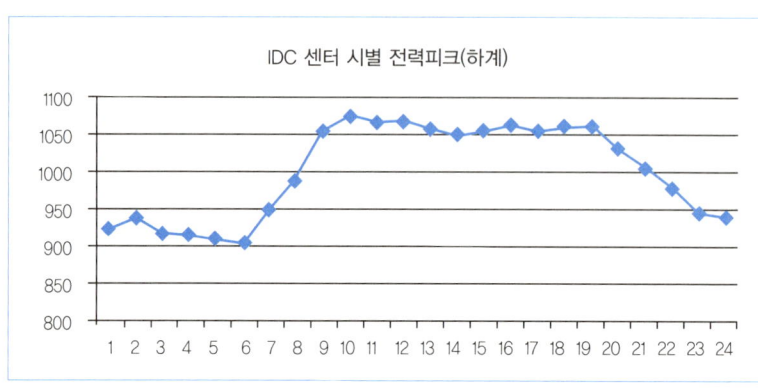

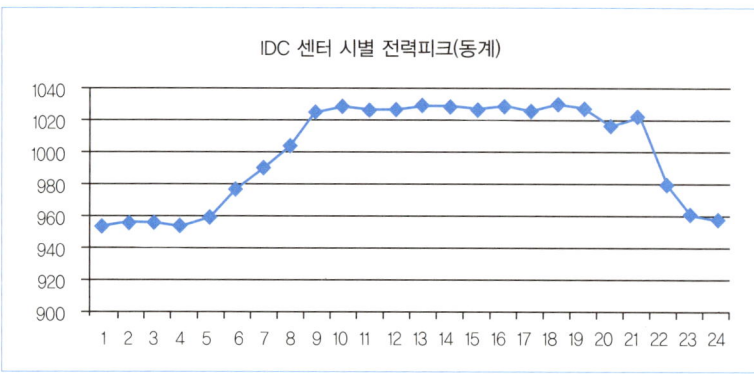

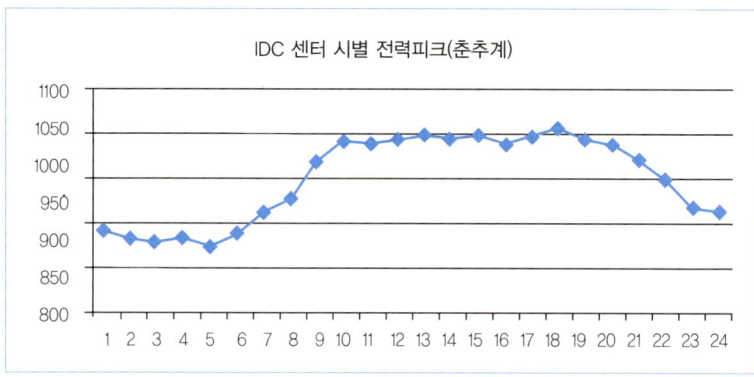

[그림4-32] 'IDC센터' 시별 전력피크곡선

'IDC센터'는 설비의 특성상 부하율이 매우 높으며 이는 그림과 같이 연중 상대계수 900에서 1100사이를 보인다. 09시부터 19시까지 비교적 일정한 전력수요를 보이며 19시 이후 점차 전력수요가 감소한다. 24시간 운영되어야 하는 업종이지만 낮시간 부하율이 높은 이유는 인터넷 접속률이 높기 때문이다. 하계 낮시간에 외기온도도 높고 서버장치 부하율도 증가하므로 항온항습기 가동부하도 함께 증가한다.

아) 백화점, 상가

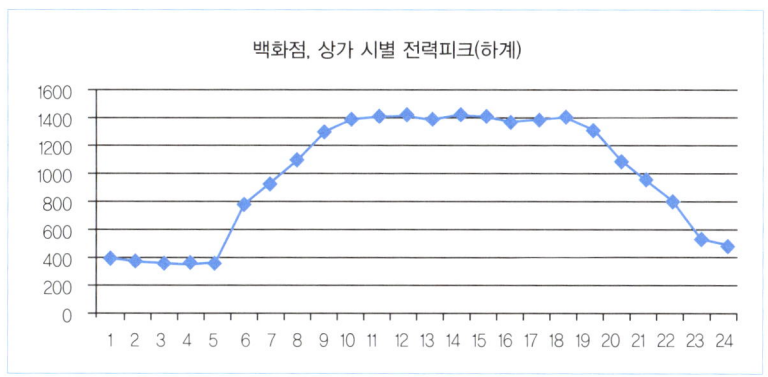

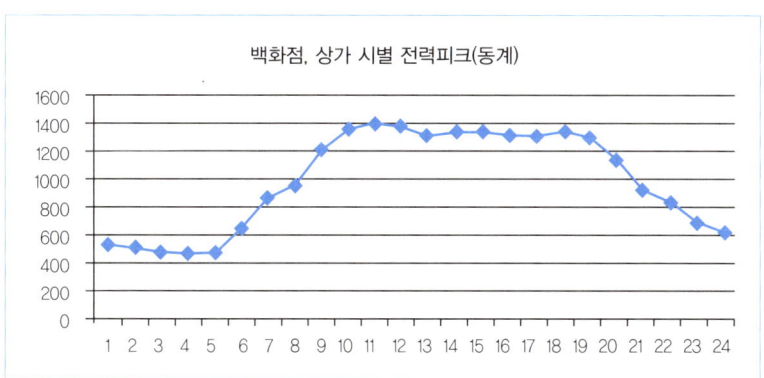

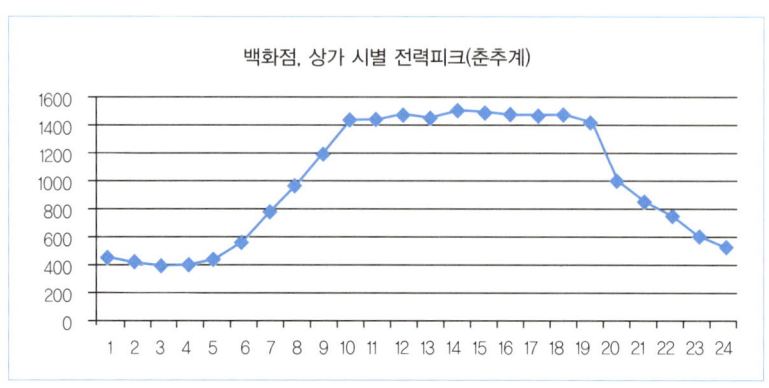

[그림4-33] '백화점,상가' 시별 전력피크곡선

'백화점, 상가'는 영업개시시간인 06시 이후 전력수요가 급증하여 10시경에 19시까지 최대수요를 보이며 19시 이후 점차 감소하는 대표적인 '국자형태'의 곡선을 보인다. 하계, 동계, 춘·추계 역시 비슷한 전력수요곡선을 보이며 상대계수 환산 400에서 1500사이의 비교적 큰 전력수요를 보인다. 국가 시간대별 그래프와 흡사한 그림을 가지고 있으며 수요자원대상시간과도 거의 일치한다. 감축잠재량이 존재하는 만큼 효과적인 자원발굴이 뒤따라야 한다.

건물의 용도별 사용패턴

건물의 용도별 설비는 산업용과 달리 업종별로 큰 차이가 없다. 기본적으로 냉난방공조에 조명, 기타 동력 등으로 구성된다. 업종별 비중의 차이는 있을 수 있다. 이를 통해 감축가능한 수요자원의 양을 판단하고 설계할 수 있다. 냉난방공조가 60~70%를 차지하는 경우가 많고 조명이 25%정도이다.

가) 연평균 사용패턴

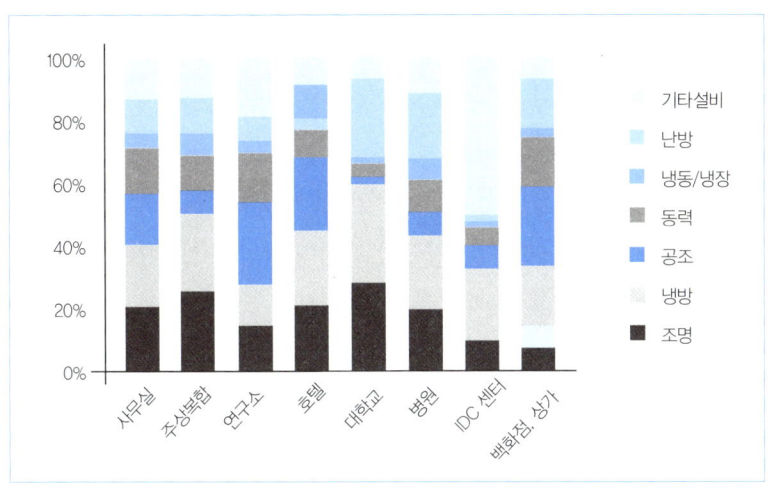

	조명	냉방	공조	동력	냉동/냉장	난방	기타설비
사무실	26.29	21.53	18	15.34	4.1	12.05	14
주상복합	28.57	27.86	7.14	12.14	3.5	11.14	12.14
연구소	18.33	16.67	23.33	15	5	8.33	16.67
호텔	22.4	25	25	8	2.6	10	6.4
대학교	31.5	35	3.5	5	1	22.5	4
병원	20	25	7.5	10	7.5	15	10
IDC센터	11.4	26.6	8	5.25	0.5	1.75	50.6
백화점, 상가	17.5	20	22.5	12.5	3	15	4.5

[그림4-34] 연평균 용도별 전력사용 비율(일반용)

월별 패턴, 시간별 패턴 이후 용도별 비율을 보았다. 특히 각 용도별에 대해서도 월별, 시간별 패턴이 중요하다고 했다. 본 자료를 기초로 병원의 난방사용량을 보자. 연평균으론 15%이다. 그러나 겨울철 전기난방설비임에 틀림없는데 연평균이 의미가 있을까? 연평균은 전체 전기설비의 비율을 통해 수요자원 잠재량 포인트를 판단하려 함이다. 그러나 연평균의 오류에 넘어가기 쉬운 점을 짚는 것이다. 우선 단순하게 하계와 동계만으로 확인해보겠다.

병원의 하계를 중심으로 볼 때 전기설비에 난방은 없는 것으로 나타난다. 대신 냉방은 37.5%이다. 당연히 동계의 난방의 비중은 크다. 전기난방이 전체 전기설비에서 32.5%를 차지한다. 냉방비중은 없다. 호텔의 경우는 하계 난방도 있지만 그래도 동계의 난방과는 차이가 크다(여기서 어떤 호텔이 하계에 난방을 하느냐? 병원이 동계에도 냉방을 하는데 왜 없다고 하는지를 생각한다면 논의주제를 벗어나는 것임을 말씀드린다. 조사대상이 그랬을 뿐이고 또 전기로 하지 않았을 뿐 LNG로 했을 수도 있다. 조사대상이 특이한 패턴이었거나 조사의 오류가 있었을 수도 있다. 논점에서 벗어나므로 정작 짚어야 하는 것을 놓치는 일이 없기를 바란다). 이를 통해 감축이 가능한 부하의 월별, 시간별 패턴을 상세하게 체크하므로 최적 자원구성 및 시장참여 설계를 할 수 있어야겠다.

나) 하계평균 사용패턴

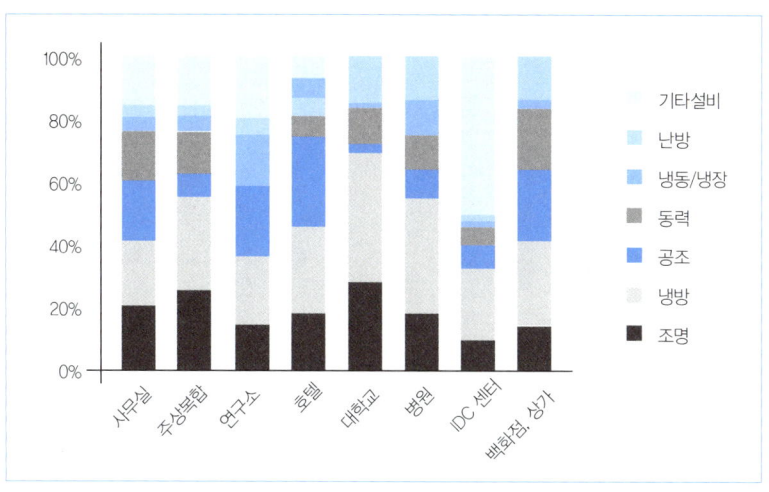

	조명	냉방	공조	동력	냉동/냉장	난방	기타설비
사무실	22.75	26.81	19.5	18.81	4.75	2.75	12.08
주상복합	30	35	7.86	13.57	3.5	3	13.57
연구소	18.33	23.33	23.33	16.67	5	−	16.67
호텔	23	31	28	7	4.6	5	6.4
대학교	30	45	3.5	9.5	1	−	11.5
병원	22.5	37.5	7.5	10	10	−	12.5
IDC센터	11.2	27.6	8.25	5.25	0.5	0.5	50.2
백화점, 상가	17.5	27.5	25	17.5	3	−	9.5

[그림4-35] 하계평균 용도별 전력사용 비율(일반용)

다) 동계평균 사용패턴

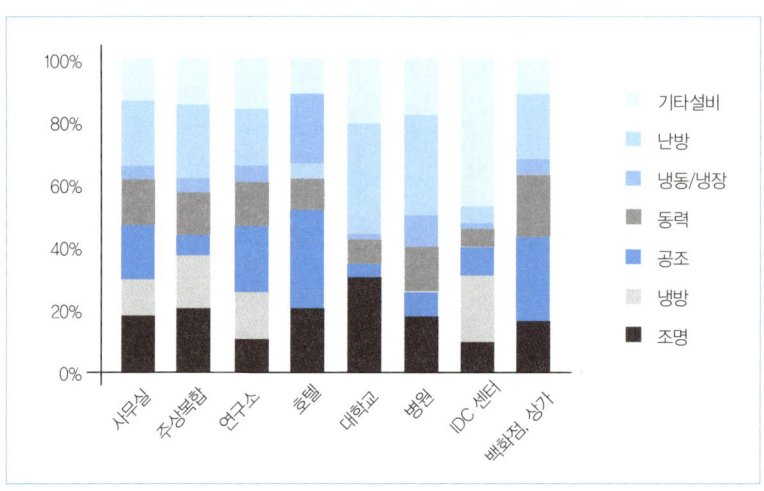

	조명	냉방	공조	동력	냉동/냉장	난방	기타설비
사무실	25.65	14.25	22.13	18.56	5	21.73	15.31
주상복합	29.29	20	9.29	16.43	6	22.57	17.71
연구소	18.33	15	25	16.67	5	16.67	16.67
호텔	27	–	32	10	4.6	22	8.4
대학교	35	–	3.5	7	1	35	19
병원	22.5	–	7.5	12.5	10	32.5	15
IDC센터	11.2	24.8	8.5	5.5	0.5	4.17	50.2
백화점, 상가	20	–	27.5	17.5	3	22.5	9.5

[그림4-35] 동계평균 용도별 전력사용 비율(일반용)

[표 4-3] 일반용 주요설비와 DR자원 및 특성 (출처: 한국전기연구원)

업종	주요 (전력다소비) End-Use/설비	DR자원 식별/특성	
		DR자원	자원특성
백화점	냉난방공조/전등	냉난방공조	냉동기/전등의 경우는 상품진열에 쓰이는 조명이 대부분 할로겐, HQI램프 등으로 효율향상 부분으로 LED 등으로 교체는 가능하나 DR자원시장 참여와는 별개사항.
사무실	냉난방공조/전등	냉난방공조/전등	공조와 전등이 전력의 약80% 차지함.
학교	냉난방공조/전등	냉난방공조/전등	수요자원시장이 가장 많이 열리는 동, 하계에 활발히 참여할 수 있는 건물의 분류이나 방학으로 인한 학생수 감소고려
병원	냉난방공조/전등	발전기, 냉난방공조	비상상황시 전력을 수급하기 위해 발전기의 용량이 타건물에 비해 큼.
호텔	냉난방공조/전등	냉난방공조	숙박시설로, 평일이 주말보다는 사용량이 현저히 떨어짐.

[표 4-4] 일반용 건물별 DR자원 예시

업체명	피크전력 (kW)	연피크대비 (%)	수요자원 가능량(kW)	설비대비 (%)	설비종류	비상발전기
A공장	2,757	7.25	200	18.14	냉난방	1,000
B공장	7,572	3.81	288.5	18.29 -	조명 냉동/냉장	6,250
C공장	480	10.4	50	52.1	공조	500
E공장	991	4.57	21.96	6.7 3.03	냉동, 공조 조명	500
F공장	1,757	2.28	40	7.59	조명	650
H 건물	1,956	3.22	63	8.44 -	공조 냉동	1,500
I 건물	1,829	5.63	103	13.67 8.74 10.93 0.82	냉방 공조 기타(분수대) 조명	1,500
J 건물	3,198	8.16	261	60.67 6.25 4.63	냉방 공조 동력	2,000
K 건물	1,633	6.87	112.5	5.74 17.61 7.65	공조, 조명 냉방 동력	1,000

3. 부하제어 참여사례

가. A화학 공장

아래의 그림은 'A화학' 공장의 부하감축 참여사례를 보여준다. 모바일용, 가전, 화장품 등의 도료를 생산하는 중소규모 공장으로 990kVA 변압기로 전력을 받아 생산설비에 공급하고 있다. 계약전력이 900kW이며, 연중 PEAK가 약 770kW이다.

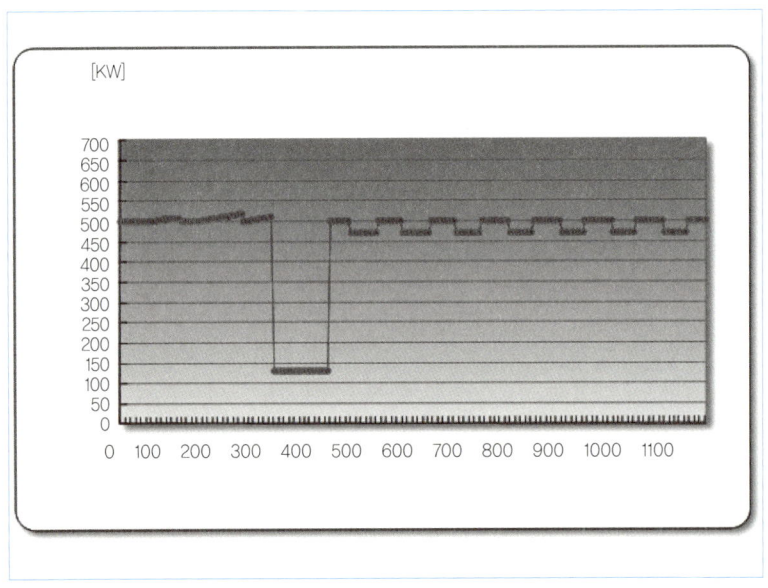

[그림4-37] A화학 Main 전력 트렌드

측정은 주 변압기를 측정하였으며, 측정 당시의 전체 전력은 약 510kW였다. 약 20분 정도를 측정하였으며, 위의 그림과 같이 5분 경과 후 실제 부하가 감축됨을 볼 수 있다. 세부적으로는 냉난방 설비에서 약 200kW, 생산설비에서 약 150kW가 감축되었다. 생산설비 실제

공정은 연료합성, 반응 등이며 이는 전체 전기사용량의 약 60%이다. 일 가동시간은 12~16시간 정도이다.

나. B제지 공장

B제지 공장은 초지기 3대, 코터기 3대 등. 첨단생산설비를 갖추고 팬시지, 정보용지, 감열지 등 연간 5만 톤에 달하는 특수지를 생산한다. 백상지(보조식)는 제지가공라인에서 종이의 수분만을 제거하고 건조한 후 종이의 표면처리과정(코팅과정)을 거치지 않고 그대로 생산되는 종이를 말한다. 스노우화이트(매트)지는 이렇게 생산된 백상지 표면에 코팅(주로 백색도를 높이고 매끄럽게 하기 위해서 백토와 접착성분 등을 표면에 입히고 롤러식으로 집어넣어 가공함)가공 처리를 하여 생산되는 종이이다.

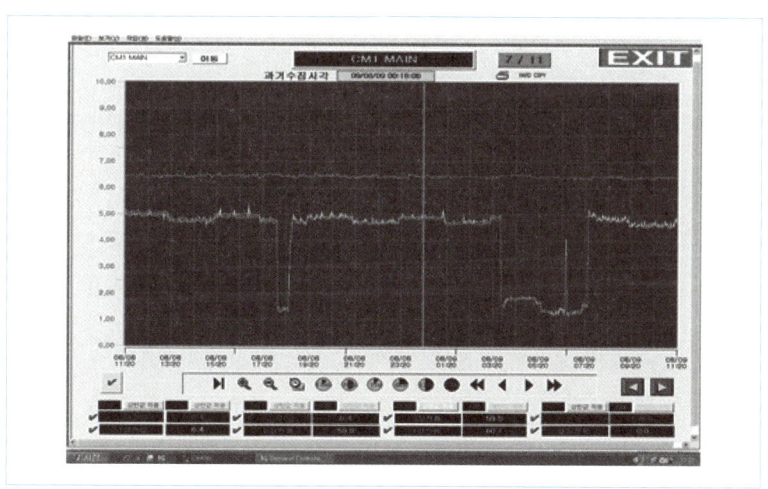

[그림4-38] Coater기 전력, 전압, 전류 트렌드

위 그림은 제지공정 중 전력 부하를 변경할 수 있는 Coater 공정 전력 Monitoring data를 보여준다. 현재 Coater 공정은 총 3개 공정이며 총 전력은 약 1,500kW이며, 수집된 자료는 Coater 1공정의 Data로 Spec.상 전력은 700kW이다.

코터공정은 초지공정에서 생산된 원지에 Coating을 하는 공정으로 한 롤을 코팅하는데 약 30kW정도 소비되며, Full 부하일 때 540~490 kW, 무부하일 때 120~80kW가 소비된다.

그림에서 부하시와 무부하시를 보면 평균 400kW 의 차이가 있다. 전력피크시 생산 코터기를 무부하 상태로 대기시킬 때 상당량의 부하를 이전할 수 있음을 확인하였다. 무부하 상태는 바로 생산에 들어갈 수 있는 대기상태이기에 이후 생산 재개하는데 큰 문제가 없었다.

다. C건물 본관

'C건물'은 일반 사무실 건물로서 냉동, 공조부하가 전력사용량의 많은 부분을 차지하고 있다. 신관 건물의 공조를 위해 사용되고 있는 냉동기를 측정하였으며 99.1kW, 냉동능력 333,500kcal/Hr이었다.

냉동기는 Cycle를 가지고 운전되고 있었으며, 평균 실 전력은 45kW 이다. 또한 사무실 및 식당용 공조기의 부하이전이 가능한 것으로 판단하였으며, 각각의 정격전력은 식당용 공조기는 7.5kW 4대와 5.5kW 2대이다.

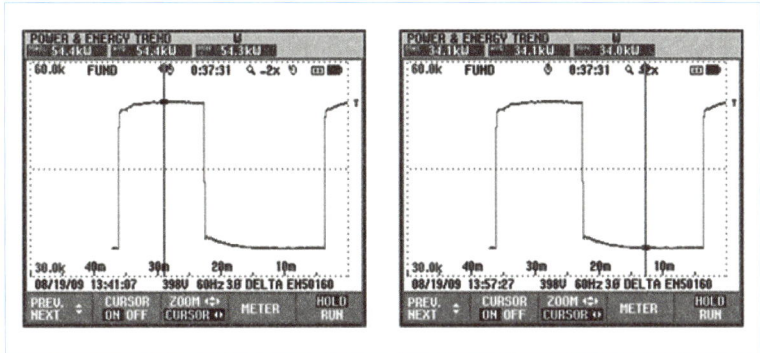

[그림4-39] 공조용 냉동기의 Cycle 운전 데이터

냉동기 Cycle 운전은 일반적인 경우는 아니었지만, 나름대로 부하특성에 대한 계산을 통해 조정하여 Cycle 운전하고 있었다. 이는 감축부하자원으로 활용하기 좋은 경우로서 주기를 가변해서 2대의 냉동기를 적절하게 조정하여 감축제어할 수 있었으며 그 결과는 위 그림과 같다.

건물에서 제어가능한 부하자원을 찾는 것은 꽤 어렵다. 왜냐하면 대부분의 부하가 고객의 쾌적성에 직결되기 때문이다. 그러나 의외로 고객의 불편을 끼치지 않는 소량의 부하자원이 존재하고 있다. 고객과 직접적인 영향이 없는 공용부하 자원이나 고객과 연관이 있어도 민감도가 작은 자원을 발굴하는 것이 건물부하자원 시장참여의 핵심이다.

05
전기요금과 수요반응

1. 많이사면 더 비싼 이상한 전기나라
2. AMI라는 저울에 달아 사고 파는 전기
3. 시간에 따라 달라지는 사용량요금
4. 골리앗 보조배터리
5. SAVE AT 2PM

1. 많이사면 더 비싼 이상한 전기나라

이상한 나라의 앨리스라는 만화영화가 있었다. 앨리스라는 소녀가 회중시계를 들고 다니는 흰 토끼를 따라 굴로 들어간다. 환상적인 모험의 나라가 시작된다. 우리가 사는 세상과 다른 '이상한 나라'이지만 그 나름대로의 논리와 방식으로 그럴싸하게 살아간다. 전기는 많이 사면 덤을 주기는커녕 비싼 가격을 받는다. 시장에서 사과를 5,000원어치 사면 10개다. 10,000원어치 사면 20개가 아니다. 많이 샀다고 덤으로 한두개 더 준다. 편의점에 가면 2+1이 보인다. 한 개 사면 덤이 없지만 두 개 사면 덤으로 하나 더 얹어준다. 그래서 하나면 충분한데 괜히 두 개를 사서 세 개를 가져가는 경우가 많다. 많이 사면 더 주는 것이 시장의 원리이다. 그러나 전기는 그렇지 않다. 많이 사면 살수록 패널티가 생긴다. '뭐 이런 경우가?'하며 어이없어 할 수 있다. 시장의 원리에 배치되는 몰상식한 행위인가? 어쨌건 이상한 나라다.

이를 이해하기 위해서는 전기 원가가 일정 규모이상이 되면 상승하는 것부터 알아야 한다. 연료비가 비싼 발전기가 투입되기 때문이다. 또한 공급할 수 있는 상한선이 있다. 발전기 설비용량이 있고 현재 가동이 가능한 운영용량이 있다. 그 이상은 백만금을 준다고 해도 만들어 줄 수가 없다. 그래서 전기공급자는 전기소비가 집중되어 공급에 어려움이 생길만한 계절과 시간대는 가격을 올린다.

예전에 삼각지의 어느 동태탕 집 이야기다. 똑같은 동태탕인데 가격이 다르다. 12시에서 1시 30분 가격보다 1시 30분 이후의 가격이 15% 가량 저렴하다. 맛과 양이 같다면 사람 많을 때 와서 비싼 돈 내고 먹기보다 조금 늦게 가서 대접받고 싸게 먹는 것이 좋지 않은가? 음식점도 그렇다. 자리가 없어 줄서 기다리다가 다른 음식점으로 가버릴 고객을 받을 수 있어 좋고 집중되는 시간에 숨을 돌릴 수 있어 좋다.

공급에 비해 수요가 몰리기 시작하면 가격이 올라가는 이치이다. 분명히 한 병에 500원인 물이 산꼭대기에 올라가니 이삼천 원이 되는 것이다. 컵라면 하나를 몇 배나 비싸게 올려 팔고 그나마도 없어서 못산다. 시장원리에 배치되는 것이 아니고 그야말로 살벌한 시장원리대로 움직인다.

이상한 전기나라는 이상한 나라가 아니라 그 나름의 논리와 방식이 있다. 어떻게 보면 그 원리는 우리가 잘 아는 또 다른 시장원리이다. 우리가 전기나라를 이해해서 요금의 움직임을 보며 비용을 절약하는 것은 재미있는 일이다. 보온병에 따끈한 물을 담고 배낭에 컵라면 하나와 믹스커피, 종이컵 두 개를 넣어서 산에 오르는 것도 비용을 절약하는 것이고 돈을 버는 것이다.

전기의 기본요금과 사용량요금의 개념과 요금제의 변화에 대한 방향성을 들여다 볼 줄 아는 사람은 전기 사용자이면서도 생산자가 되는 에너지프로슈머로 손색이 없다.

2. AMI라는 저울에 달아 사고 파는 전기

놀이동산에 가면 표를 끊는다. 3가지 놀이기구 또는 5가지 놀이기구를 이용할 수 있는 표도 있고 자유이용권도 있다. 이것을 들고 다니면

무사통과다. 물론 키를 재서 120~150cm를 넘어야 한다. 선불제이다. 그런데 전기요금은 어떻게 내고 있나? 한 달에 한 번씩 전기요금 영수증이 날아온다. 전기사용은 후불제이다. 전기계량기는 한 달 동안 사용한 전기를 계속 체크한다. 한 달이 지나면 그동안 사용한 양이 쌓여 있다. 계량기에 바퀴가 달려서 계속 돌아가고 있는 것을 봤을 것이다. 물리시간에 배운 듯한 '아라고 원판의 원리'에 의해 사용한 량만큼 회전한다. 어렸을 때 호기심 어린 눈으로 집의 계량기를 쳐다본 기억이 있을 것이다. 전기사용이 많을 때는 땀 흘리며 빨리빨리 돈다. 사용량이 적을 때는 거북이처럼 느릿느릿 돈다. 그럴 때는 거의 없겠지만 전기를 전혀 사용하지 않을 때는 돌지 않고 서있다. 바퀴가 돌아가는 위에 숫자가 있다. 자전거 자물쇠 열쇠처럼 숫자가 0부터 9까지 돌아가며 그런 자릿수가 보통 4~5자리이다. 최근에는 가정집이나 집합건물들에도 전자식 계측을 해서 사용량을 누적하는 계량기가 많아졌다. 그러나 기계식과 다름없이 한 달의 사용량을 누적해서 보여주고 있다.

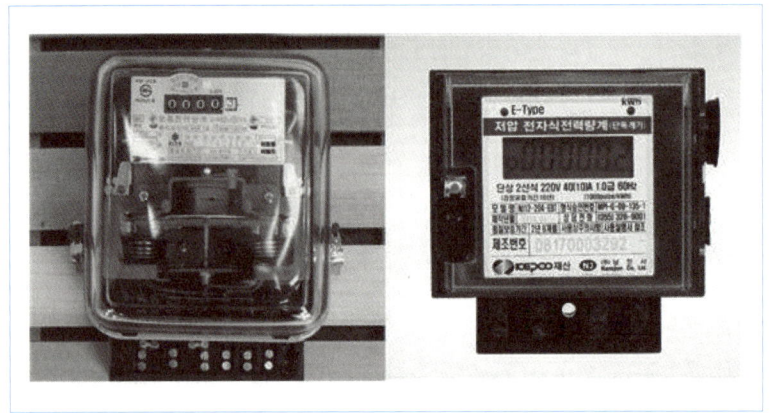

[그림5-1] 기계식, 전자식 전력량계

한국전력에서 검침원이 일일이 돌아다니시며 숫자를 적어간다. 이번 달 숫자에서 지난달 숫자를 빼면 한 달간 사용량이 나온다. 그런데 이런 저울로는 한 달간 사용량만 알뿐 한 달간 어떤 일이 있었는지 알 재간이 없다. 어느 시간대 얼마나 사용했는지 순간적인 사용량의 집중이 있었는지 요일별 사용량은 어떤지 알 수 없다. 사실 그동안의 요금제가 월간 나타난 상세한 변화에 관심이 없었다. 그러나 이제는 그런 상세한 변화가 중요하다. 사용량이 집중되어 가깝게는 변압기 멀리는 배전, 송전망 근본적으로는 발전소까지 영향을 주기 때문이다.

한전은 2020년까지 시간대별 구분이 가능한 계량기(AMI : Advanced Metering Infrastructure)를 전체 수용가에 보급하겠다고 한다. 뿐만 아니라 아파트도 호별로 AMI를 구축하는 분위기다. 최근 스마트그리드 확산사업의 일환으로 한전컨소시엄은 아파트, 상가건물 AMI 보급을 하고 있다. 상가는 AMI를 통한 전기요금절감 서비스도 한다.
이제는 태양광 등 재생에너지도 AMI가 필요하다. 생산된 전력의 가치가 다르고 이를 정확히 저울질해서 거래해야 하기 때문이다. AMI는 수요반응의 핵심 인프라이다. AMI가 없이 수요반응 제도를 아무리 만들고 동기부여를 해도 소용이 없다. 이제 AMI를 기반에서 벌어지는 흥미진진한 요금의 세계로 들어가 보자.

타이밍에 좌우되는 전기 기본요금

전기요금은 기본요금과 사용량요금으로 나뉜다. 휴대폰 요금과 같다.

휴대폰 요금은 어떻게 나뉘냐고 하면 청소년요금제, 어르신요금제, 72 요금제, 무제한요금제 등을 말한다. 그러나 크게보면 기본요금과 사용량요금이다.

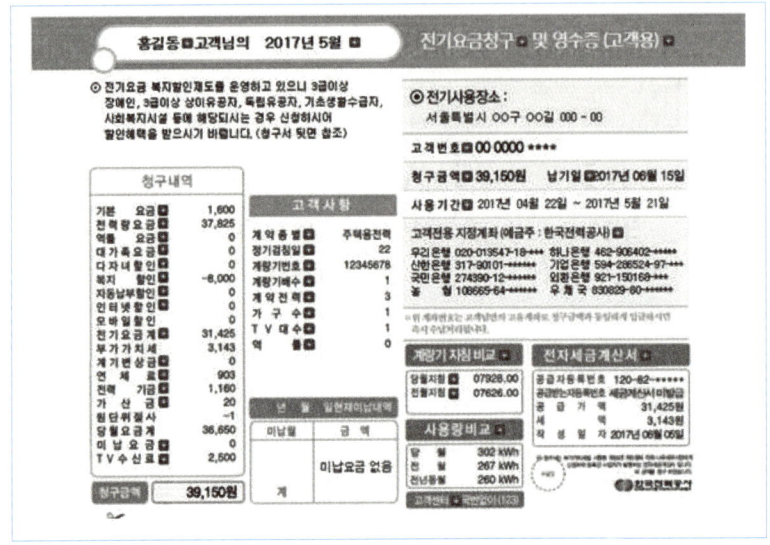

[그림5-2] 전기요금 청구 영수증(예시)

먼저 전기 요금 중 기본요금의 구조가 어떤 것인가? 전기를 얼마나 사용하건 사용하지 않건 상관없이 낸다. 전기를 사용하지도 않는데 왜 내나? 공장이나 건물이나 가정이나 처음 지어지면서 어느 정도 전기를 쓰겠다는 계약을 한다. 그것이 계약전력이다. 한국전력은 계약전력이 결정되면 그만큼의 전기선로와 보호장치를 구축해준다. 많이 쓰겠다고 계약전력이 높으면 그만큼 초기 구축비용이 많이 들어간다. 그런데 엄청나게 설치하고 전기사용을 하나도 안하는 일이 생겼다. 한 달에 100원어치만 썼다. 그러면 한국전력이 100원만 받아야 하나? 기본요금은 초기 구축한 고정 비용을 회수하는 요금이다.

계약전력에서 한걸음 더 나아가 피크전력을 기준으로 기본요금을 정한다. 시간대별 구분계량기(AMI)가 보급확대되면서 대상은 더욱 확대된다. 피크전력 기본요금은 또 무엇인가? 전기요금을 계량할 때는 15분 단위로 한다. 매 15분당 사용량을 측정한다. 한 시간이면 15분짜리가 4개이고 이것을 더해서 4로 나누면 시간당 사용량이 된다. 그런데 한 달의 기본요금은 15분 계측된 값을 기준으로 한다. 가장 높았던 15분 값, 그것이 그 달의 기본요금 기준 값이다. 15분 값이 높아지고 소비자들의 타이밍이 겹치며 집중될 때 국가적으로 전력피크가 발생하는 것이다. 평상시는 상관없지만 전기사용량이 주로 집중된다고 보는 7,8,9월은 문제다. 전기관리자가 고민했던 집중되는 시간, 특히 7,8,9월 사용량 집중이다. 그러면 이 때 채찍을 때려서 사용량을 줄이게 하면 되지않을까? 그래서 고민한 것이 7, 8, 9월 15분 계측값을 해당 월의 기본요금 기준 값만이 아니라 1년, 12개월 내내 기본값으로 가져가는 것이다. 전기를 별로 안쓰는 3, 4월에도 높았던 7, 8월의 기준값으로 기본요금을 계산한다.

전기소비자들은 당연히 7,8,9월 사용량을 자제하려고 애를 쓰게 된다. 평소에는 피크가 500kW정도 밖에 안 되는 곳이 8월 중순에 순간적(15분)으로 높은 800kW를 사용했다. 갑자기 더워서 냉방부하가동으로 전기사용량이 몰렸던 모양이다. 이제부턴 1년간 기본요금은 800kW를 기준으로 계산된다. 10월이나 3월에 전기를 가장 많이 써봤자 때가 400~500kW이지만 그것과 무관하게 800kW에 해당하는 기본요금을 내야한다. 속이 쓰리지만 돌아오는 여름에는 조심해야겠다는 다짐을 할 뿐이다.

이를 도와주는 장비가 있다. 최대수요전력제어장치, Demand Control 이라고 한다. 전기요금을 계량하는 한국전력 계량기 옆에 설치 하고 연결한다. 펄스신호를 통해서 전력소비 데이터를 실시간으로 받는다. 받을 뿐만 아니라 앞으로 얼마나 쓸지 간단한 예측을 한다. 작년 800kW를 올해는 700kW로 줄이려는 목표가 있다면 700kW에 육박할 때 알림을 준다. 그리고 세팅여부에 따라 전기설비를 제어한다. 꺼버린다는 말이다. 물론 중요도가 낮은 전기설비에 제어 명령이 가도록 세팅할 것이다. 그 설비의 전원이 꺼지면서 700kW가 될 뻔한 피크가 다시 690kW로 떨어질 것이다. 또 사용량이 올라가면 다음으로 중요도가 낮은 설비가 희생양이 된다. 공장이나 건물에 중요하지 않은 전기설비가 어디 있겠는가? 다 필요해서 쓰는 것인데. 전기요금 때문에 설비를 끈다는 것은 있을 수 없다. 예전에는 피크가 또 초과했다는 알림을 경광등이나 알람벨을 통해 줄 뿐이었다. 그러나 최근에는 전기요금 부담이 커지면서 설비에 직접 신호를 주어 꺼버리는 고객이 늘어나고 있다. 전기요금이 생산이나 공정보다 우선되는 세상이 오고 있다.

최근 전력소비량과 최대전력간의 디커플링 추세가 가속화되고 있다. 발전소를 짓는 필요성도 전력사용량 확보보다 최대전력 대응으로 가고 있다. 2012년부터 2016년까지의 전력소비량 연평균 증가율이 1.8%인데 비해 최대전력 연평균 증가율은 3.1%로 두 배 가까울 정도이다. 정부의 최대전력관리를 위한 요금제 채찍이 다급해진 것이다.

우리나라가 어렵게 살던 1960~70년대 중 국가 전체 전력사용이 가장 높았던 계절이 언제였을까? 겨울이다. 겨울은 해가 빨리 진다. 5시만

되어도 조명을 켜야 한다. 당시 전기소비량이 많은 백열등은 목로주점 (작사·작곡 : 이연실)의 가사처럼 30촉 백열등이 대부분이었다. '오늘도 목로주점, 흙바람 벽엔 삼십촉 백열등이 그네를 탄다.' 겨울철 초저녁부터 집이나 목로주점이나 삼삼오오 모여앉아 도란도란 이야기를 나누었고, 이를 밝히는 조명은 전기사용 집중시켰다.

세월이 흘러 조금 살기 좋아지자 더운 여름에 개울에 발을 담그고 부채질하며 버티던 사람들이 에어컨을 사기 시작한다. 국민소득도 올라가고 여름철 전기 사용량도 급증하게 된다. 이는 겨울철 조명사용량을 훌쩍 넘긴다. 한동안은 여름철 전기사용량에 대응하는 발전설비를 준비하고 건설하느라 바빴다.

그런데 더 잘살게 되자 추운 겨울에 편리한 전기를 사용하기 시작한다. 전기난방이다. 가정집에서 전기매트로 요금폭탄을 맞기도 한다. 이제는 전기사용량이 집중되는 계절이 바뀌었다. 12, 1, 2월이다. 겨울철에 발전기 여유가 없어진다. 이 시기에 맞춰 발전소를 지을 계획을 세우고 실제로 지어야 했다. 2009년부터 7년간 겨울피크가 여름을 한참 넘어섰다. 2016년은 초유의 이상고온 현상으로 8월에 85.2GW를 기록하며 다시 여름피크가 겨울을 넘어서는 듯 했다. 그러나 일시적인 현상으로 2017년부터 다시 겨울피크가 여름을 넘었으며 전력수급기본계획에 의하면 2031년까지 겨울피크가 여름을 한참 넘어설 것으로 예상하고 있다.

그동안 전기사용이 집중되던 7, 8, 9월을 분산시키기 위해 해당 월 최대 사용전력[15분]을 일 년 내내 월 기본요금으로 산정한 것으로 알고 있다. 이제는 12, 1, 2월에 집중되는 것을 분산시키기 위해 채찍을 가해야 했다. 아니나 다를까 겨울피크가 4년 지속되던 2012년 1월 1일자로 전기공급약관 68조에 기본요금 산정 기준월로 12, 1, 2월이 추가되었다. 12,1,2월에 최대 사용전력(15분 기준)이 발생하면 그 값을 기준으로 1년 내내 월별 기본요금을 부과한다. 이제는 공장과 건물들이 겨울에 최고사용량이 나오지 않도록 관리해야 했다. 그러한 하드웨어인 최대수요전력제어장치(Demand Control)를 겨울에 적극 활용하게 된다. 생산을 줄여서라도 전기사용량을 관리하는 계절이 추운 겨울이 된 것이다.

■ 최대전력 실적추이

	조명	냉방	공조	동력	냉동/냉장	난방
최대전력(MW)	62,285	62,794	66,797	71,308	73,137	75,987
(발생일)	(8.21)	(7.15)	(12.18)	(12.15)	(1.17)	(12.26)
증가율(%)	5.6	0.8	6.4	6.8	2.6	3.9

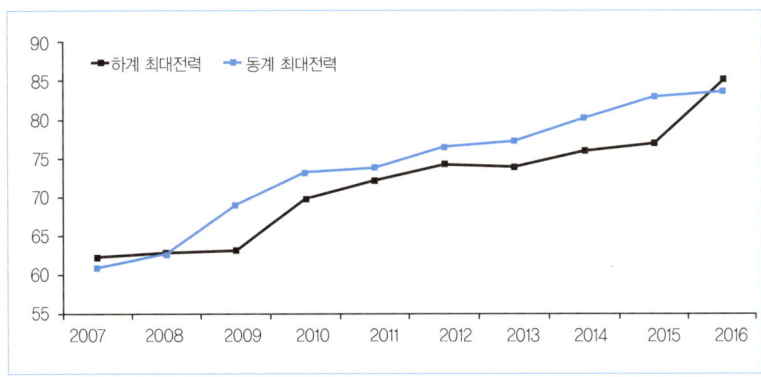

[그림5-3] 연도별 하계 및 동계 최대전력 추이

이렇게 겨울에 채찍을 때리니 가장 아파하는 곳이 어디일까? 다른 때에 비해 유독 겨울철 사용량이 많은 곳이리라. 대표적인 곳이 스키장이다. 스키장은 겨울에 집중해서 전기가 사용된다. 그동안은 낮은 요금을 내다가 겨울철 2~3개월은 꽤 많이 사용하는 15분 사용량 만큼 기본요금을 낸다. 그것이 다른 계절에, 다른 달에 영향을 주지 않았다. 그런데 2012년 1월 1일 이후 하루아침에 겨울 전력피크 사용값이 일년내내 모든 달의 기본요금 기준값이 되고 말았다.

웬만한 스키장들이 수억에서 수십억 원의 추가 비용을 부담하게 된다. 그러면 스키장은 반응을 일으킬 수밖에 없다. 세 가지 반응이 있지 않을까? 먼저는 스키장을 접는다. 그렇지 않아도 장사가 안 되는데 고정비가 늘어나면 어쩔 수 없다. 손해 보는 사업을 할 수 없으니 다른 사업을 알아보는 수밖에. 나라에서 반길 일은 아니지만 어쨌건 피크타임에 수요가 줄어든 것은 사실이다. 채찍에 효과를 본 것이다. 물론 이는 극단적인 이야기이다. 두 번째 반응은 무엇일까? 스키장에서 겨울에 전기를 많이 사용하는 이유는 눈을 만들기 위해서다. 그동안은 전기요금 부담이 없으니 눈을 펑펑 만들지 않았을까? 전기사용량보다 영업이 중요하니까. 그러나 이제는 적정량의 눈 생산, 경제적 눈 생산에 대한 논의가 시작된다. 고객들의 민원이 발생하지 않는 눈 높이는 어느 정도인가 TFT를 구성해서 연구하지 않을까? 그렇게 해서 겨울철 전기사용을 줄여 피크를 낮추기만 하면 1년 내내 전기요금을 절감할 수 있으니 말이다. 세 번째로 나올 수 있는 반응이다. "눈을 만드는데 꼭 전기만을 써야 하는가? 가스로 가동되는 설비는 없는가?" 이러한 사장님의 말씀에 한 직원이 대답한다. "독일의 모회사로부터 LNG로 가동되는 설비를 검토했던 적이 있었습니다. 그런데 가격이 너무 비싸서 검토하다 포기했습니다. 전기를 사용하는 설비가 훨씬 경제적이었습니다." 사장님이 1초도 지체하지 않고 바로 답변하신다. "그래? 지금은 달라졌잖아, 다시 검토해봐" 그리고 다음 해부터는 가스설비가 겨울철 눈만드는 일을 하게 되었다. 초기 투자비는 좀 들었지만 장기적으로는 전기요금 절감이 주는 효과가 훨씬 큰 것을 본 것이다. 수요관리(DSM)의 수요반응(DR)중 요금기반인 채찍의 효과는 이렇게 나타나고 수요측 반응을 통한 발전소 건설 회피를 이루어 냈다.

일반적으로 변압기 용량이 계약전력이 된다. 대부분 일반용 빌딩들은 변압기 용량에 미치지 않는 전기를 사용한다. 전기의 사용이 계절이나 시간에 따라 달라지지만 변압기 용량의 평균 60% 미만의 수준이다. 그러니 피크전력이 발생해도 계약전력 이내에서 이루어진다. 그러면 계약전력은 높아도 피크전력이 아주 작으면 기본요금도 아주 작지 않을까? 예를 들어 전기를 가장 많이 썼다는 피크시간대 전력이 변압기 용량의 10%미만이라면 기본요금도 그 기준으로 내니 좋을 것 같다. 건물 지어놓고 그렇게 전기를 사용한다는 것은 건물이 거의 공실이라 사용자가 없다는 것이니 좋아할 일은 아니지만 말이다. 전기요금 측면에서는 잠시 그런 생각을 해볼 수 있다. 그러나 한국전력 입장에서 양보할 수 없는 일이다. 건물에 설치되어 있는 10배 크기의 변압기 용량에 맞춰 기초공사, 선로작업, 결선과 보호설비 등등이 초기투자 되었다. 그래서 기본요금의 하한선을 변압기 용량인 계약전력의 30%로 정해놓았다. 계약전력의 30%미 만 전력피크 수준이라도 최소 기본요금은 계약전력의 30% 값을 기준값으로 한다. 혹시 30%가 한전의 초기투자 손익분기점인가? 그건 알 수 없지만 그걸 탓하기보다 빨리 건물 공실을 채우고 가동률을 올려 변압기 80% 이상까지 채우는 것이 급하다.

> **제 68 조 [요금적용전력의 결정]**
> ① 제38조(전기계기의 설치기준) 제2항 및 제3항에 따라 최대수요전력을 계량할 수 있는 전력량계를 설치한 고객(제16조(전기사용계약의 해지후 재사용시의 고객부담) 제1항에 해당하는 고객 포함)은 검침 당월을 포함한 직전 12개월 중 12월분, 1월분, 2월분, 7월분, 8월분, 9월분 및 당월분의 최대수요전력 중 가장 큰 최대수요전력을 요금적용전력으로 하며, 가장 큰 최대수요전력이 계약전력의 30% 미만인 경우에는 계약전력의 30%를 요금적용전력으로 합니다.

초과사용부과금으로 기본요금 패널티

소형 상가들은 전기를 어떻게 받을까? 변압기를 가지고 있을까? 크게 두 가지로 구분할 수 있다. 건물에 입주한 상가, 10층 건물 1층의 돼지 갈비집은 어떤가? 건물 전체를 감당할 변압기가 있고 거기에서 전기를 받아쓰는 것이다. 돼지갈비집의 계약전력이라는 것은 따로 없는 것이다. 전기요금은 건물 관리소에서 한전이 부과한 전기요금을 각 입주 상가에 합리적인 기준에 의거하여 분배하면 된다. 일반적으로 기본요금은 연면적을 기준으로 분배하고 사용량요금은 민간 계량기를 통한 월 누적사용량을 전체 사용량요금의 비율만큼 부과한다. 기본요금과 사용량요금을 합산한 금액을 가지고 개별 측정된 사용량의 비율로 분배하여 부과하는 경우도 있다.

또 다른 경우는 집합상가 개념으로 한전의 변압기를 통해 직접 상가별로 전기를 받는 것이다. 상가나 점포들이 한전의 변압기를 얻어 쓰는 경우로 보면 된다. 이 경우는 한전이 상가별로 계약전력을 정한다. 전기공급 약관을 보면 상가에서 사용하는 전기설비의 용량을 체크하고 합한 값을 기준으로 한다. 그러나 개별로 모든 설비를 체크하기도 어렵고 향후 없어지거나 다시 추가되는 설비에 따라 계속 업데이트하기가 현실적으로 불가능하기 때문에 동일 업종과 규모 및 인근의 수준을 참조하여 정한다.

전의 변압기로부터 직접 전기를 받는 상가, 초과사용부과금에 대한 이야기는 여기서 시작된다. 그러면 초과사용부과금이란 무엇일까? 한전으로부터 전기를 받는 상가들이 자기에게 주어진 계약전력 이상을 계속 사용하게 되면 어떤 일이 발생할까? 한전의 변압기에 부담이 증가한다. 모든 상가들이 그럴 경우는 심각한 문제가 생길 수 있다. 변압기 오버로드가 장시간 지속되면 과열로 폭파될 수도 있다. 물론 변압기는 어느 정도 오버로드라도 견딜 수 있게 설계되어 있다. 용량의 100%를 사용하면 큰 일 날 것으로 아는데 꼭 그렇지만은 않다. 그러나 낡은 변압기에 부담이 가해지는 것은 위험한 일임에 틀림없다. 게다가 효율이 떨어져서 한전은 이래저래 손해가 생긴다.

그래서 한전은 상가가 할당된 계약전력을 초과하지 못하도록 관리해야 한다. 기존에 기계식 계량기는 계약전력을 초과했는지 그렇지 않은지 확인이 물리적으로 불가하다. 위에서 본 것처럼 전기를 재는 저울인 계량기는 계속 돌면서 누적만 하기 때문이다. 계약전력을 초과할 정도로 사용량이 많으면 빨리 돌아 숫자가 빨리 바뀌기는 하겠지만 말이다. 계약전력을 초과하는 상가들이 여기저기 있다는 심증은 있지만 물증이 없다. 한전은 고민하지 않을 수 없다. 고민하면 해결책이 나오는가? 한전에서 나름 좋은 방법을 고안해냈다. 이것이다. 일반적으로 하루 24시간 중 15시간은 전기를 사용한다고 본다. 그1kW 계약전력을 가진 곳이라고 볼 때, 하루 15kWh의 전기를 사용하는 것이다. 한 달을 30일로 보면 450kWh이다. 한 달에 450kWh 이상 전기를 사용했다면 계약전력을 초과한 시간이 있을 가능성이 높다고. 한전 생각일 뿐이지만 말이다. 15kW의 계약전력을 가진 횟집이 있다. 한 달 사용량이 15곱하기 450해서 6,750kWh 이상의 전기를 사용했다면 어느 순간엔가 잠시라도 계약전력 초과를 했을 것으로 보는 것이다.

[표 5-1] 사용전력량 기준 초과사용 부과금

계약전력1kW당 사용전력량	초과사용횟수	초과요금 적용기준
451kWh/월 ~ 720kWh/월까지	2회~3회	초과 사용전력량× 해당 계약종별의 전력량요금 단가 × 150%
	4회~5회	초과 사용전력량× 해당 계약종별의 전력량요금 단가 × 200%
	6회	초과 사용전력량× 해당 계약종별의 전력량요금 단가 × 250%
720kWh/월 초과분		초과 사용전력량× 해당 계약종별의 전력량요금 단가 × 300%

초과한 날이 2~3회 발생하면 초과사용전력량에 전력량 요금단가의 150%를 곱해서 부과한다. 4~5회 발생하면 전력량 요금단가의 200%로 계산한다. 6회 이상이면 250%이다. 월 사용량이 720kWh를 넘는 경우가 생기면 300%의 전력량 요금단가에 초과사용전력량을 곱하니

엄청난 패널티를 받게 된다.

한 달 후 확인한 한전계량기 검침량은 600kWh이다. 계량기는 다 알고 있지만 결과만 말할 줄 밖에 모른다. 한 달 사용량이 600kWh라고. 한편에선 이득을 얻는 곳이 있다. 어느 시간에 집중적으로 전기를 사용하는 것이다. 대신 다른 시간대엔 전기를 거의 사용하지 않는다. 하루 사용량이 10kWh가 나왔다. 알고 보니 고객 특성상 전기사용은 5시간만 하는 곳이다. 그렇다면 시간당 2kW를 썼다는 이야기다. 1kW를 계약전력으로 할당받았는데 두 배를 쓰다니 한전에서 볼 땐 심각한 고객이다. 이런 고객만 있다면 변압기 당장 두 배로 키워야 한다. 패널티의 패널티를 부과해야 한다. 그런데 그런 곳인지 아닌지 알 길이 없다. 한 달 후에 검침하러 가서 계량기를 보면 300kWh(하루 10kWh에 30일)인 매우 평범한 고객이기 때문이다. 계량기는 다 알고 있지만 이번에도 모르는 척 한다.

15분 단위 실시간 계량이 가능한 계량기, AMI가 구축되면 계산에 의한 변칙적인 초과사용부과금은 없어진다. 초과사용부과금이라는 용어도 부끄럽지 않게 제대로 적용될 것이다. 실제로 최근 AMI보급이 되며 초과사용부과금이 현실적으로 개선되었다.

AMI는 시간대별로 더 정확하게 말하면 전기요금의 기준단위인 15분별로 사용전력을 측정한다. 한 시간에 4번, 하루에 96번, 일주일에 672번, 한 달이면 2,880번 보는 것이다. 그 중에 10kW 계약전력이라 볼 때 10kW가 넘어가는 것은 정확하게 보이니 딱 걸리는 것이다. 2번 넘어가는지 10번 넘어가는 지 심지어는 2,880번 넘어가는지 다

보인다. 이를 기준으로 초과사용부과금을 적용하고 전기요금 청구서 기본요금, 사용량요금 밑에 정확하게 추가한다.

[표 5-2] 최대수요전력 기준 초과사용 부과금

초과전력 (kW)	초과사용횟수	초과요금 적용기준
최대수요전력- 계약전력	2회~3회	초과 전력량× 해당 계약종별 전력량요금 단가 × 150%
	4회~5회	초과 전력량× 해당 계약종별 전력량요금 단가 × 200%
	6회	초과 전력량× 해당 계약종별 전력량요금 단가 × 250%

있는 그대로 계약전력 이상의 사용전력인 초과전력은 최대수요전력-계약전력이다. 이렇게 초과로 사용되는 횟수가 2~3회 발생하면 초과전력에 해당 계약종별 기본요금 단가의 150%를 곱한 금액을 패널티로 부과한다. 4~5회 발생하면 기본요금 단가의 200%이다. 6회 이상 발생하면 기본요금 단가의 250%의 초과사용부과금을 내야 한다.

그런데 무엇이든 개선이 되면서 혜택 받던 곳엔 불이익이 생긴다. 그간 이득이 사라진다고 할까? 종교시설이 대표적이 예이다. 종교시설의 특성상 주로 사용되는 시간이 제한적이다. 보통 토요일이나 일요일에 집중적으로 사용한다. 평일도 특정요일의 특정시간에 집중적으로 사용한다. 당연히 전기의 사용도 같이 따라간다. 이런 곳은 월 사용량은 적지만 그래서 450kWh기준에 훨씬 못 미치지만 계약전력을 훨씬 초과하는 경우가 대부분이다. 패널티를 모르고 살았을 곳에서 AMI로 교체되면서 잔잔한 연못에 큰 돌이 첨벙 떨어진 것이다. 새로운 기준의 초과사용부과금 잣대를 대면서 엄청난 패널티 폭탄을 받기 때문이다.

한전, 작년 정전사태 후 계약전력 초과시 부과금
전기요금 두세 배 된 교회들 "예배 있는 일요일 기준으로 계약전력 높이려면 목돈"

경북 칠곡의 한 교회 담임목사인 C씨는 요즘 전기요금 청구서를 펼쳐 보기가 두렵다. 평소 월 35만원 안팎이던 전기요금이 올해 들어 60만~70만원으로 두 배 가까이 증가했기 때문이다. 월 전기 사용량을 확인해 봤지만, 오히려 전년보다 소폭 감소했다. C목사의 교회는 주일 예배가 있는 일요일 1~2시간을 제외하면 평소 전기 사용이 매우 적은 편이다. 다른 교회 목사들도 사정은 비슷했다. 전기요금 증가 폭이 두 배가 넘는 교회도 있었다.

한국전력공사가 올해년부터 '최대수요전력 기준 초과사용부가금 제도'를 도입하며 대다수의 교회가 '전기요금 폭탄'을 맞고 있다. 지난해까지 전기요금은 월 총 사용량을 기준으로 책정되어 총사용량이 계약전력(사용자가 전기를 얼마만큼 쓸지 한전과 계약을 맺은 순간 최대 전력량) 기준을 넘지 않는다면 부가금을 낼 필요가 없었다. 그러나 올해 1월부터는 한 달 중 불과 몇 시간이라도 계약전력을 초과해 전기를 사용했다면, 초과한 부분에 대해 250%의 부가금을 더 내야 한다.

계약전력이 30kW인 교회의 경우, 기존에는 기본요금을 16만8300원(kW당 기본요금 5610원×30) 납부하면 됐다. 그런데 주말 예배시간 동안 계약전력을 넘는 50kW를 썼다면, 초과분 20kW에 대한 부가금 28만500원(5610원×20×2.5)을 더해 44만8800원의 요금을 납부해야 한다. 부가금을 내지 않기 위해서는 특정시간에 계약전력을 초과하지 않도록 시간대별로 30kW 이내로 분산해 사용하거나 최대수요전력인 50kW 기준으로 계약전력을 늘려야 한다. 이런 일이 유독 교회에서 주로 일어나는 이유는, 교회의 평소 전기사용은 적은 반면 수백~수천 명의 신도들이 모이는 일요일 오전에 시간당 계약전력을 크게 초과하기 때문이다.

출처: 조선일보 2012.5.12.

3. 시간에 따라 달라지는 사용량요금

이제는 사용량요금이다. 휴대폰의 사용량요금처럼 사용한 만큼 내는 것이다. 전기 사용량요금도 사용한 만큼 낸다. 그런데 휴대폰 요금은 아침에 전화한 요금과 새벽에 전화한 요금이 다르지 않다. 점심밥을 먹으면서 하는 요금도 같다. 휴대폰 사용량요금이 전기 사용량요금과 다른 점이다. 전기 사용량요금은 시간에 따라 달라진다. 우리나라 가정용 누진제를 제외한 모든 전기요금은 계절에 따라 시간에 따라 다른 요금을 내고 있다. 이를 계시별(TOU : Time of Use) 요금이라고 한다.

[표 5-3] 계절별 · 시간별 구분 시간대

계절별 시간대별	여름철 (6월~8월)	봄 · 가을철 (3~5,9~10월)	겨울철 (11월~2월)
경부하 시간대	23:00 ~09:00	23:00 ~09:00	23:00 ~09:00
강간부하 시간대	09:00 ~10:00 12:00 ~13:00 17:00 ~23:00	09:00 ~10:00 12:00 ~13:00 17:00 ~23:00	09:00 ~10:00 12:00 ~17:00 20:00 ~22:00
최대부하 시간대	10:00 ~12:00 13:00 ~17:00	10:00 ~12:00 13:00 ~17:00	10:00 ~12:00 17:00 ~20:00 22:00 ~23:00

빌딩이 내는 일반용 전기요금

2012년 1월1일 이전에는 계약전력1,000kW 미만은 계절에 따라 다르고 시간에 따른 요금제를 내지 않았다. 단순히 계절에 따라 다른 계절별 요금을 냈다. 1,000kW 이상의 일반용 전기를 사용하는 건물만이 계절에 따라 다르고 시간에 따라 다른 요금제였다. 1,000kW 미만 건물의 계절별요금은 어떤 요금제인가? 여름과 겨울, 그리고 봄 · 가을이 다를 뿐이었다. 여름이면 하루 24시간 언제나 동일한 요금이다. [표 5-4]에서 보는 바와 같이 고압A 선택II를 하면 여름에는 하루 중 언제나 76원/kWh를 낸다.

그런데 2012년 1월 1일자로 일반용 건물의 시간대별로 달라지는 요금이 300kW 이상으로 바뀌었다. 그러니까 300~1,000kW 대상의 건물들은 계절별 요금을 내다가 하루아침에 시간대별로 달라지는 요금제로 바뀐 것이다. 더 좋아진 것일까? 나빠진 것일까? [표 5-4]를 보면 알 수 있듯이 시간대별 요금은 최대부하, 중간부하, 경부하로 나뉜다. 최대부하시간대는 76원만 내던 것을 168원을 내야 한다(계절별 요금과 비교하기 위해 과거 데이터로 설명하는 것을 이해해주시기 바란다). 중간부하시간대는 95.6원이다. 대신 경부하시간대는 47.8원으로 꽤 싸다. 최대부하는 전기사용이 많은 시간대이다. 경부하는 전기사용이 거의 없는 시간이다. 중간부하는 나머지 시간대이다. 원가가 높아서 요금이 오른 것이기도 하고 전기사용이 집중되니 사용량을 억제하기 위해 요금을 올린 것이기도 하다. 여름과 겨울의 최대부하, 중간부하, 경부하의 시간대가 다른 것을 볼 수 있다. 여름에 전기사용이 집중되는 시간은 우리가 이미 알고 있듯이 오후 두세 시, 그래서 냉방기가 열심히 돌아가는 때이다. 겨울에 전기사용이 집중되는 시간은 추워서 난방을 하는 아침과 저녁시간이다.

여기서 퀴즈, 점심시간인 12~13시는 최대부하일까? 중간부하일까? 점심시간에는 사무실도 등을 끄고 식사하러 간다. 웬만한 공장들은 설비를 정지하고 식사를 한다. 그래서 계절과 무관하게 전기사용량이 많이 떨어진다. 전기사용이 집중되지 않는다는 말이다. 비싼 발전기가 돌아갈 필요도 없고 전기사용을 억제하기 위해 최대부하요금을 부과하며 채찍을 가할 필요도 없다. 그래서 중간부하 요금이다.

[표 5-4] 계절별 · 요금제와 계시별(TOU)요금제

구분		기본요금 (원/kW)	전력량 요금(원/kW)		
			여름철 (7월~8월)	봄·가을철 (3~6, 9~10월)	겨울철 (11월~2월)
저압전력		5,090	74.20	55.90	71.80
고압 A	선택 I	5,890	80.20	60.70	79.60
	선택 II	6,780	76.00	56.40	74.00
고압 B	선택 I	5,450	79.20	59.60	78.30
	선택 II	6,270	75.00	55.40	72.80

구분		기본요금 (원/kW)	시간대	전력량 요금(원/kW)		
				여름철 (7월~8월)	봄·가을철 (3~6, 9~10월)	겨울철 (11월~2월)
고압 A	선택 I	6,470	경 부 하	52.60	52.60	56.70
			중간부하	100.40	68.20	98.70
			최대부하	172.90	91.30	142.00
	선택 II	7,430	경 부 하	47.80	47.80	51.90
			중간부하	95.60	63.40	93.90
			최대부하	168.10	86.50	137.20
고압 B	선택 I	6,470	경 부 하	51.00	51.00	55.00
			중간부하	97.50	66.30	95.70
			최대부하	166.80	88.70	137.30
	선택 II	7,430	경 부 하	46.20	46.20	50.20
			중간부하	92.70	61.50	90.90
			최대부하	162.00	83.90	132.50

⟨2012년 1월 1일 현재⟩

일반적으로 전기사용은 낮시간대 사용량이 올라가고 밤에 줄어들며 새벽에 최소사용량이 된다. 건물은 특히 그렇다. 계약전력 300~1,000kW 건물이 TOU요금제 부과대상이 되면서 요금은 크게 올라간다. 간단히 계산해보아도 25%정도 요금상승이 된다. 계절별 요금보다 경부하때는 싸지만 최대부하일 때는 두 배 이상 올라가고 대부분 활동시간이 경부하보다 최대부하, 중간부하이기 때문이다.

해당 건물 담당자는 2012년 1월부터 '갑자기 요금이 왜 이렇게 올랐지?'하며 의아해 할 것이다. '한전에서 전체적으로 요금을 올렸나보다'라며 투덜대고 넘어갈 수 있다. 그러나 요금자체를 올린 것이 아니라 요금제의 영역이 확대된 것일 뿐이었다. 그러면 어떻게 해야 할까? 비싼 시간대의 사용량을 체크해서 최소화하고 가능한 부하는 중

간시간대나 경부하대로 옮기는 노력을 하는 수밖에 없다.

학교가 내는 교육용 전기요금

교육용전기는 계시별이 아닌 계절별 요금이었다. 계시별이 요금을 내는 사람 측면에선 그렇게 좋은 것이 아님은 이미 알았으리라. 학생들이 공부하는 특수한 곳이니 요금의 혜택이 주어진 것이다. 그런데 2012년 1월 1일부터 달라졌다. 계약전력 1,000kW 이상의 교육용전기를 사용하는 곳은 계시별 요금제를 내게 된 것이다. 계약전력 1,000kW 이상은 전문대이상 대학은 무조건이라고 보면 된다. 중고등학교도 1,000kW를 넘는 경우가 간혹 있다.

[표 5-5] 교육용 요금제의 변화

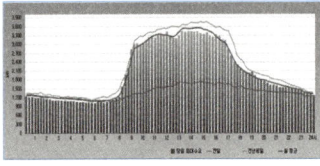

교육용전력(갑) : 계약전력 1,000kW미만
교육용전력(을) : 계약전력 1,000kW이상

구분		기본요금(원/kW)	전력량 요금(원/kW)		
			여름철 (6월~8월)	봄·가을철 (3~5,9~10월)	겨울철 (11월~2월)
저압전력		5,390	90.90	56.00	78.90
고압A	선택 I	5,710	90.60	56.10	77.50
	선택 II	6,540	86.40	51.90	73.30
고압B	선택 I	5,710	89.90	55.70	76.70
	선택 II	6,540	85.70	51.50	72.50

구분		기본요금(원/kW)	전력량 요금(원/kW)			
			시간대	여름철 (6월~8월)	봄·가을철 (3~5,9~10월)	겨울철 (11월~2월)
고압A	선택 I	5,710	경 부 하	45.80	45.80	49.30
			중간부하	87.30	59.30	85.90
			최대부하	147.00	77.60	120.70
	선택 II	6,540	경 부 하	41.60	41.60	45.20
			중간부하	83.20	55.20	81.70
			최대부하	142.90	73.50	116.60
고압B	선택 I	5,710	경 부 하	44.40	44.40	47.90
			중간부하	84.80	57.70	83.30
			최대부하	141.80	75.40	116.70
	선택 II	6,540	경 부 하	40.20	40.20	43.70
			중간부하	80.60	53.50	79.10
			최대부하	137.70	71.30	112.60

고압A 선택2의 요금을 내는 학교는 여름에는 시간당 kW 사용량에 대해 92원을 내면 된다. 계시별 요금으로 바뀌면서 최대부하시간대에는 156원으로 높아지게 되었다. 대신 경부하시간대는 45원으로 반값 요금이 된다. 서울시내 대학의 일반적인 사용패턴을 볼 때 대부분 최대부하 중간부하이기에 20~25% 요금상승을 피할 수 없다. 야간 요금이 반값이니 비용의 대폭적인 절감을 위해 야간대학으로 바꾸는 고민을 하는 대학도 있지 않을까 싶다. 대학의 강의실 관리가 잘 안 되는 경우가 많았다. 불이 켜진 강의실을 쫓아다니며 꺼야 할 텐데 누가 때마다 돌아다니며 하나, 인건비도 안 나온다고 생각한다. 그런데 이제는 요금이 두 배 가까이 되었으니 사람을 써서 강의실 불을 끄러 다니게 할 필요도 있지 않을까? 이제는 시간에 따라 달라진 요금에 대한 적절한 대응이 필요한 세상이 되어가고 있다.

공장 등 산업시설이 내는 산업용 전기요금

산업용 전기를 쓰는 공장은 어떨까? 건물은 계약전력 1,000kW 이상만 계시별요금제 이다가 2012년 1월 1일 이후부터 300kW 이상으로 대상이 확대되었다고 했다. 그런데 공장은 애초부터 300kW 이상이 계시별 요금제였다. 웬만한 공장은 대부분 계약전력 300kW 이상은 된다. 산업용전기가 싼 편인 반면에 계시별 요금제를 통해 집중되는 시간을 분산하고자 했다고 볼 수 있다. 그런데 산업용 전기 중 공공성이 있는 기타사업 업종이 있다. 수자원공사, 지하철공사, 하폐수 처리장 등등이다. 이런 곳은 시민과 공익을 위한 성격이 크다고 하여 요금제의 특혜가 있었는데 그것은 산업용 300kW가 넘음에도 불구하고 계절별요금제와 계시별요금제를 선택할 수 있게 해준 것이다. 당연히 모든 곳이 계절별요금제를 선택하였다. 평균 25%가량 비싼 계시별 요금제를 선택할리 없기 때문이다.

그런데 2012년 11월 1일부로 특혜가 사라졌다. 산업용 기타사업 업종도 계약전력이 300kW 이상이면 의무적으로 계시별요금제 적용이 된 것이다. 이에 대한 부담이 꽤 클 것을 예상하여 해당 고객에게는 한시적 요금혜택을 주었다. 첫 해는 요금의 10%, 이듬해는 요금의 5%를 할인해준 것이다.

단순히 요금제 선택의 여지만 없앨 뿐인데 파장은 컸다. 수자원공사는 물을 생산하는데 펌프 등 전기소비 비중이 매우 크다. 전기요금 오르는 것에 민감하다. 원가가 올라간다고 물 값을 때마다 올릴 수 있는 처지도 아니다. 그렇게 어려운 상황인데 요금제가 예외조항이 없어지면서 꽤 큰 요금부담을 안게 된 것이다. 수자원공사도 여러모로 고민을 할 수밖에 없다. 한전에 항의 공문을 보내어 따질 수 있다. 들리는 소문에 의하면 이런 상황에 대처하기 위해 우리도 물 값을 시간대별로 다르게 해서 팔아야 하는 것 아닌가하는 자조 섞인 목소리도 나온다고 한다. 물 값이 시간에 따라 달라진다. 그러면 일반 국민은 어떻게 반응해야 할까? 저녁 싼 시간에 열심히 물 받아놓고 비싼 시간에는 그 물을 쓰면 알뜰한 것이다. 그러나 가정에서나 가능하지 공장과 건물은 어려움이 있다. 그러면 물을 쓸 때 지금 몇 시인지 비싼 시간인지 싼 시간인지 체크해야 하지 않을까? 화장실에 갈 때는 어떤가? 아직 최대부하시간대이니 조금만 더 참았다가 중간부하 때 가려고 안간힘을 써야 할까? 여기에 대해 어떤 분이 해결책을 제시했다. 화장실에 가는 것은 생리현상이니 필요할 때 언제든 가야한다는 것이다. 단지 물을 내리는 시점만 싼 시간대에 하라는 것이다. 웃지 못 할 일이 벌어진다.

도시철도공사의 입장은 어떨까? 제가 2012년 말인가에 지하철을 타고 가다가 [그림 5-4]와 같은 포스터를 보았다. 보시는 바와 같이 한전에 항의를 하는 내용이다. 전기요금을 때마다 올리고 대부분 전기를 사용하는 지하철 운영의 입장에서는 견딜 수 없다는 것이다. 한전의 적자를 시민과 도시철도공사에 뒤집어씌운다는 문구도 보인다. 그러나 더욱 눈에 띄는 숫자가 보이지 않는가? 전기요금을 6%대씩 때마다 올리는 것은 알겠는데 어느 시점에 22.8%를 올렸다고 한다. 그래서 최근 2년간 41.7%의 전기요금이 올랐다는 것이다. 정말 한전이 20%이상의 요금을 올렸을까? 쉽지 않은 일이다. 그런 내용을 신문이니 TV에서도 보지 못했다. 그러면 도시철도공사에서 괜히 고집을 부리는 것일까?

23.8%를 올렸다는 시점을 보자. 자세히 보면 그 날은 2012.11.1.이다. 어떤 날인지 기억이 나시는가? 바로 기타사업 업종에 대한 계시별요금제 의무적용일이다. 계절별요금과 계시별 요금을 선택할 수 있어 계절별 요금을 선택하여 내던 고객의 특혜가 사라진 날이다. 전기소비자 입장에서 계산해보니 23.4%의 요금상승효과가 나타난 것이다. 주로 낮시간에 대부분의 전기를 쓰는 지하철의 입장에서 틀린 계산은 아니다. 그 날은 다른 날과 같이 전기요금을 올린 날이 아니다. 그러나 전기요금 선택권에 변화가 생긴 날이다. 견딜 수 없는 전기요금 상승부담을 몸으로 느낀 날이다. 최근 몇 년간 41.7%의 요금상승

이라는 시각적 항변이 시민들에게는 먹히지 않았을까 싶다. 그러나 한전에 먹히기는 어려운지 현재까지 도시철도공사를 계시별요금제 적용에서 빼주었다는 이야기는 듣지 못했다.

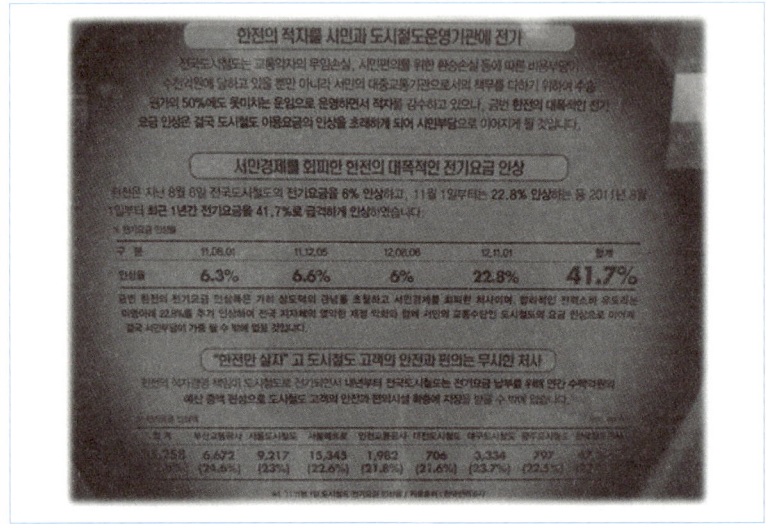

[그림5-4] 도시철도공사 전기요금 인상 사례

혹시 도시철도공사도 견디기 힘드니 지하철요금을 시간에 따라 다르게 부과하겠다는 말이 나오지 않을까 싶다. 비싼 전기로 지하철을 움직일 때는 지하철 요금이 비싸지고 값싼 전기로 지하철을 움직일 때는 지하철 요금도 싸지는 것 말이다. 원가베이스로 지하철요금을 받으면 전기요금 상승도 큰 부담이 없지 않을까 하는 생각이다. 그것이 현실화 된다면 우리는 어떻게 해야 하나? 전기요금이 싼 시간에 주로 움직이고 비싼 시간에는 사무실이나 집에 가만히 있어야 할 것 같다. 아니면 걸어다니며 건강을 챙기는 수밖에.

우리 집에서 내는 주택용 전기요금

2012년 1월1일부로 300kW 이상 건물도 계시별 요금제이 대상이 되었다고 언급하였다. 2013년 11월에는 300kW 이상이라는 기준이 더 아래로 내려갔다. 얼마나 내려갔을까? 150kW? 100kW? 아니다. 0kW 이상이다. 모든 공장과 건물은 계절에 따라 다르고 시간에 따라 다른 요금을 부과하게 되었다. 이제 가정인 주택용 요금만 누진제이고 모든 수용가가 계시별요금제가 된 것이다.

그런데 기존의 기계식 계량기가 설치된 곳은 어떤가? 비싼 시간에 몇 바퀴 돌아갔는지 싼 시간에 몇 바퀴 돌아갔는지 알 길이 없다. 누가 계속 앉아서 세어봐야 한다. 결국 시간에 따라 사용량을 측정할 계량기가 갖추어져 있지 않은 곳은 계시별 요금제를 적용할 수 없기에 예외대상이다. 한전의 계획대로 2020년까지 모든 수용가에 AMI(Adranced Metering Infrastructure)가 설치된다고 하면 물리적으로는 시간대별 요금제가 적용될 준비는 갖추어진 것이다. 게다가 2017년 12월 주택용 누진제가 3단계로 줄어들면서 정부는 향후에는 주택용도 계시별요금제 도입을 계획한다고 천명하였다.

많이 사면 덤으로 몇 개 더 받는 미덕이 없는 곳이 전기시장이라고 이미 언급했다. 많이 사면 가격이 오르니 적당하게 사야 한다. 누진제는 항상 전기요금의 논란 가운데 서 있었다. 결국 2016년 뜨거운 여름을 지나면서 누진제 폭탄을 사방에서 먹으며 뜨거운 여름만큼 뜨거운 논란을 겪었다. 그리고 겨울까지 가던 뜨거운 논란은 누진제 단계 축소로 막을 내렸다. 이제 누진제에 대해 이해해보자. 2016년 12월 31일까지인 기존요금의 누진제는 6단계였다. 많이 사용하면 요금이 올라간다. 입력에 비례하여 출력이 변화하기보다 계단형으로 단계적 상승한다. 일반 4인가정의 평균사용량이 300kWh라고 한다. 320kWh를 사용했다. 개별가정은 주택용 요금 저압이 적용되므로 기본요금은 표와 같이 3,850원이다.

[표 5-6] 과거 주택용전력(저압) 요금제

기본요금(원/호)		전력량요금(원/kWh)	
100kWh 이하 사용	410	처음 100kWh까지	60.70
101~200kWh 사용	910	다음 100kWh까지	125.90
201~300kWh 사용	1,600	다음 100kWh까지	187.90
301~400kWh 사용	3,800	다음 100kWh까지	80.60
401~500kWh 사용	7,300	다음 100kWh까지	417.70
500kWh 초과 사용	12,940	500kWh 초과	709.50

전력량 요금은 320kWh이므로 첫 100kWh까지는 60.7원, 둘째 100kWh까지는 125.9원, 셋째 100kWh까지는 187.9원이다. 그리고 추가 20kWh은 280.6원이다. 전력량 합은 43,062원이다. 전기요금 총합(기반기금 및 부가세 제외)은 46,912원이다.

[표 5-7] 현재 주택용전력(저압) 요금제

기본요금(원/호)		전력량요금(원/kWh)	
200kWh 이하 사용	910	처음 200kWh까지	93.3
201~400kWh 사용	1,600	다음 200kWh까지	187.9
400kWh 초과 사용	7,300	400kWh 초과	280.6

이제 2017년 1월 1일부로 3단계로 낮춰진 누진제로 보면 어떤가? 동일하게 320kWh를 사용하는 가정의 전기요금은 어떻게 달라질까? 우선 기본요금이 매우 유리해졌다. 201~400kW 사용을 볼 때 1,600원이다. 예전에 201~300kWh 사용의 금액과 동일하다. 그러니까 300~400kWh대 고객인 경우는 기본요금이 한 단계 떨어진 것이다. 사용량 요금은 첫 200kWh까지는 93.3원, 바로 다음 120kWh까지는 187.9원이다. 전력량 합은 41,208원이다. 전기요금 총합(기반기금 및 부가세 제외)은 42,808원이다.

그런데 100kWh 이하를 사용하는 최소 소비자들은 200kWh 이하에 묻혀버리게 되었다. 이대로라면 그 분들의 요금은 기존보다 상승한 구조가 된다. 그래서 누진제 개선시 필수사용량 보장공제라는 내용이 추가되었다. 200kWh 이하 사용하시는 월 4,000원 한도로 요금을 감액해주기로 한 것이다. 단 감액 후 최저 요금은 1,000원으로 고정하였다. 한편에선 사용량이 매우 큰 슈퍼유저고객에 대한 제약을 두었다. 누진제 개편으로 전기사용의 과도한 낭비를 막기 위한 조치이다. 슈퍼유저요금은 연중 상시하기보다 동·하계에만 시행한다. 동계란 12월~2월 3개월간이며 하계란 7월~8월 2개월간이다. 이 경우 1,000kWh를 초과한 전력량 요금은 709.5원으로 대폭 상향하였다. 이는 기존 500kWh 이상의 사용자에게 상시 부과하던 요금이기도 하다. 이를 통해 과다사용을 억제하며 부자감세라는 누진제 단계축소의 단점을 해결하고자 했다. 슈퍼유저가 그런 취지를 알고 합리적인 소비를 해주기 바라는 마음이 보이는 것 같다.

아파트는 어떤 전기요금을 내나?

아파트는 전기요금의 별동부대다. 이렇게 보면 전혀 새로운 방식의 요금제이고, 저렇게 보면 기존에 있는 모든 요금들이 다 모여 있는 요금제다. 아파트는 주택이 모여 있으면서 일반 건물과 같이 지하주차장, 엘리베이터 등 공용부하가 있다. 펌프와 같은 산업용 설비도 있다. 게다가 가로등, 보안등도 있다. 전기요금의 백화점이고 종합선물세트이다. 주택용 요금을 받기도 일반용 요금을 받기도 산업용 요금을 받기도 가로등 요금만 받기도 애매하다. 그럼 어떻게 해야 하나? 아파트 요금제는 크게 두 가지로 나뉜다. 종합요금제와 단일요금제이다. 먼저 종합요금제에 대해 살펴보자. 종합요금제는 말 그대로 종합선물세트이다. 열어보면 여러 가지 과자가 들어있는 것처럼 여러 요금제가 그대로 들어있다. 아파트 전기는 변압기를 통해 들어오고 적정전압으로 낮춰져서 이 곳 저 곳에 분배된다. 세대로 공급되고 공용부하, 기타 부하에 공급된다. 이 때 세대 부하를 구분해내고 기타 가로등 부하를 구분해내고 공용부하를 구분해낸다. 한전에 제출하면 한전은 각기 구분하여 요금청구서를 발행한다.

세대 사용량은 개별로 주택용 요금을 낸다. 공용부하는 일반용요금을 낸다. 펌프 등은 산업용 요금을 낸다. 가로등은 가로등요금을 낸다. 그래서 요금영수증이 여러 장이다. 각 세대는 일반 주택이 내는 주택용 저압요금을 낸다. 관리사무소에서 개별 계량을 해서 한전에 넘겨주면 한전이 개별 영수증을 발급한다. 누진제는 일반 가정처럼 각자 누진이 넘어가지 않도록 관리하면 된다.

단일요금제는 무엇인가? 이해를 돕기 위해 딸기와 바나나 주스로 비유를 하겠다. 종합요금제는 딸기만 넣고 믹서에 갈아 딸기 주스를 만든다. 믹서를 씻고 바나나를 잘라 넣고 다시 돌려 바나나 주스를 만든다. 내 손에는 딸기주스 한 컵과 바나나주스 한 컵이 들려있다. 단일요금제는 딸기와 바나나를 한꺼번에 넣어 믹서를 돌린다. 일명 '딸바주스'가 된다. 이번에 내 손에는 딸바주스가 가득 차 있는 두 배로 큰 컵 하나가 들려있다.

그러나 물리적인 전기의 흐름은 동일하다. 전기가 변압기를 통해 세대와 공용부하, 기타부하로 나뉘어 공급된다. 그러나 여기서 세대별 부하, 공용부하를 따라 구분하지 않고 전체 사용량만 체크한다. 한전은 전체 사용량은 보고 있으니 이를 기준으로 요금 청구서를 발행한다. 굳이 구분된 세대, 공용부하 사용량에 대한 자료를 요구하지 않는 것이다. 그러면 전체를 어떤 요금제로 부과할까? 주택용 요금제이다. 그런데 개별 주택에 부과하는 주택용 저압이 아니고 주택용 고압 요금제이다. 저압보다 고압요금제가 조금 싸다. 공용부하의 일반용 요금을 주택용으로 내야 하는 꼴이 된다. 보통 일반용 요금이 주택용 요금보다 좀 싸고 누진제도 없다. 대신에 주택용은 저렴한 고압요금을 내는 것이다. 그래서 단일요금제가 유리한지 종합요금제가 유리한지는 잘 따져보아야 한다. 아파트의 전기사용패턴을 잘 보고 판단해서 결정해야 하는 것이다. 일반적으로 공용부하의 전기사용량이 25%가 넘으면 종합요금제가 좋고 25%미만이면 단일요금제가 좋다고 한다. 그러나 아파트 특성별로 다르고 계절과 입주율에 따라 때마다 달라지니 꼼꼼히 따져보아야 한다.

[표 5-8] 주택용전력(고압) 요금제

기본요금(원/호)		전력량요금(원/kWh)	
200kWh 이하 사용	730	처음 200kWh까지	78.3
201~400kWh 사용	1,260	다음 200kWh까지	147.3
400kWh 초과 사용	6,060	400kWh 초과	215.6

아파트가 통째로 주택용 고압 요금을 받는다면 누진제를 어떻게 적용하나? 전체를 한 가정으로 생각하고 전체 사용량을 누진제 단계에 따라 요금을 부과한다. 표와 같이 누진단계에 따른 사용량은 개별 주택인데 어떻게 전체사용량을 대입해야 하나? 한 가정으로 생각하기 위해선 아파트 전체사용량을 전체 세대수로 나누어야 한다. 6월 아파트 전체사용량이 380,000kWh이고 세대는 800세대라고 보자. 그러면 이 아파트가 단일요금제라면 475kWh이며 400kWh이상으로 3단계요금이며 아파트 전체 기본요금은 6,060원을 기준으로 800세대 계산해서 4,848,000원이고 전력량요금은 첫 200kWh까지는 78.3원이며 둘째 200kW까지 147.3원이며 다음 75kW는 215.6원으로 총 49,032,000원이 된다. 아파트 관리소에서는 공용부하와 세대별 부하를 합리적인 기준에 의거해서 분배하여 청구하면 된다. 일반적으론 세대별 사용량을 기준으로 주택용 저압 또는 고압으로 계산해서 누진제를 적용하여 부과하며, 공용부하는 세대수로 분배해서 하지만 정해진 규정이 있는 것은 아니다.

아파트 사용패턴에 적합한 요금제를 선택하는 것이 중요하며 선택된 요금제에서 에너지 절감 전략을 다양하게 짤 수 있다. 아파트 특성과 요금제를 이해할 때 신재생에너지 적용 및 ESS등 분산전원 활용에 대한 부가가치가 크게 달라진다. 똑같이 감기에 걸려도 임산부와 일반인의 처방이 달라져야 하고 똑같은 사람이라도 체질에 따라 좋은 음식과 나쁜 음식이 달라지는 것과 같은 이치다. 아파트에 요금절감 처방을 하는 의사라면 아파트의 전기사용패턴과 설비들을 따뜻한 관심을 가지고 자세히 들여다봐야하고 그렇게 볼 때 아파트는 다 제각각이다. 관심을 가지고 들여다본다는 것은 요금 영수증만 보고 건물 냄새만 맡고 끝내는 것이 아니라는 것은 이제는 누구나 안다. 실시간 데이터와 세부 설비별 사용량, 세대별 사용패턴, 시간대별 배분, 누진단계 영향요소 등등을 보는 것이다. 보다 체계적이고 과학적인 아파트 요금관리에 관심을 가져야 할 때다.

4. 골리앗 보조배터리

휴대폰의 배터리가 착탈식이었다가 일체형이 된지 좀 되었다. 애플이 처음 그렇게 하면서 심플하고 예쁜 장점이 있어선지 다들 따라하게 된 것 같다. 덕분에 보조배터리 시장이 반사이익을 봤다. 이동 중에 휴대폰 배터리가 거의 방전되어도 가방에서 보조배터리를 꺼내서 연결하면 집에 콘센트에 연결한 것처럼 충전이 잘 된다.

최근에 대형 보조배터리, 건물용 보조배터리, 골리앗 보조배터리라 할 ESS가 인기다. 건물이야 한전 전기가 언제나 연결되어 있어서 방전시 필요한 것은 아니다. 물론 최근엔 건물에 한전 전기 공급이 안될 때 비상용으로 대체하는 것도 구체적으로 검토하고 있기는 하지만 지금 인기 있는 것은 그와 다르다. 전기요금제에 효과적으로 활용해서 비용절감을 하는 좋은 수단이 되었기 때문이다.

ESS는 Enegy Storage System의 약자이다. 건물에 설치되어 초기에는 BESS(Building Energy Storage System)로 불렸다. 그러다가 굳이 B가 거추장스러우니 빼고 쓰게 되면서 ESS라는 말로 쓰이고 있다. 그러나 ESS 에너지저장장치는 전기만 저장하는 것이 아니라 빙축열, 수축열 시스템도 그렇고 가스를 저장해서 냉난방으로 쓰는 저장장치도 그렇다. 그래서 최근에 NCS 등 교육자료 및 표준문서에는 EESS(Electric Energy Storage System)로 정의를 내렸다.

ESS의 구성은 크게 3가지이다. 배터리, PCS, PMS 또는 EMS이다. 배터리는 전기를 넣어두는 탱크라고 보면 된다. 물탱크처럼 가득 받아놓았다가 필요할 때 꺼내어 쓰는 것이다. PCS는 전력변환장치로 Power Conversion System의 약자이다. 배터리에는 직류로 충전되어야 하니 교류를 받아서 직류로 충전하는 전력변환장치가 필요하다. 또 실제 건물에서 사용할 때는 교류이어야 하니 충전된 직류를 교류로 변환하는 전력전자장치가 필요하다. PCS는 변환도 하지만 정격용량이 정해져있다. 충전 및 방전할 양이 PCS 용량에 의해 결정되는 것이다. 배터리가 물탱크라고 빗대어 설명했다면 이제 PCS는 물탱크에 달려 있는 수도꼭지가 된다. 수도꼭지는 탱크에 물을 넣을 때나 뺄 때 이용된다. 대형 수도꼭지라면 짧은 시간에 많은 물이 들어가거나 나올 수 있다. 손가락만한 수도꼭지라면 물이 조금씩 들어가거나 나올 수밖에 없다. PCS 용량(kW)이 배터리의 용량(kWh)과 같다면 배터리를 가득 채우는데 1시간이 걸린다. 방전하는 것도 동일하다. PCS 용량이 배터리용량의 절반이라면 배터리를 가득 채우는데 2시간이 걸릴 것이다. 방전도 2시간이다. PCS 용량이 배터리용량의 1/6이라면 배터리를 가득 채우거나 모두 방전시키는데 각각 6시간이 걸리는 것이다. PMS(Power Management System) 또는 EMS(Energy Management System)는 배터리, PCS 각각 그리고 상호간의 상황을 모니터링하고 관리를 하며 전체적 운영 스케줄 및 최적 알고리즘을 제공하는 것이다. 통신 상태나 보안, 오동작 알람, 자가진단 기능 등은 물론이요 요금제나 기타 활용방안을 최대로 끌어올리는데 중요한 역할을 한다.

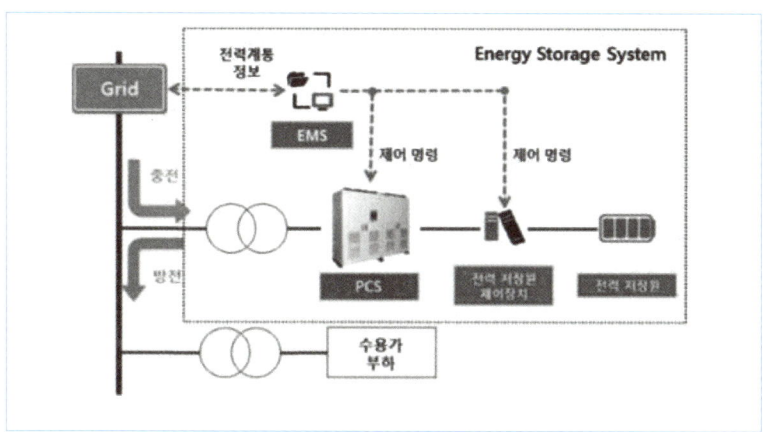

[그림5-6] ESS 기술 구성도 (출처 : 산업통상자원부)

ESS의 효과는 건물에서 요금절감이 우선이다. 요금절감이란 역시 2가지이다. 기본요금절감에 활용되는 것과 사용량요금 절감에 활용하는 것이다. 앞에서 물을 받아놓는다는 말을 했다. 전기도 받아놓는 것이다. 그리고 7,8,9월 또는 12,1,2월 15분 피크를 관리한다. 1년 기본요금을 좌우하는 피크시간때 설비를 줄이기는 부담된다. 대신 배터리에 받아놓았던 전기를 적절한 타이밍에 방전하는 것이다. 그렇게 피크는 잡히고 1년 기본요금은 그만큼 뚝 떨어진다. 사실 기본요금 피크를 잡는 것은 단순하지 않다. 정교하게 관리해야 하고 피크가 너무 난잡하게 발생하는 패턴에서는 적용하기가 꽤 어렵다. 피크 패턴이 일정한 곳은 ESS로 기본요금 절감하는 것이 가능하다.

사용량 요금 절감은 충전과 방전의 요금차를 활용하는 것이다. 경부하시 60원에 충전해서 최대부하 190원대에 방전하면 kWh당 160원의 비용을 줄일 수 있다. 배터리 전체를 매일매일 이렇게 받았다 썼다 하면 적지 않은 전기요금 절감이 된다. 그러나 ESS시스템의 설치구축단가가 워낙 높아서 이것만 가지고는 투자비회수기간이 10년을 훌쩍 넘겨버린다.

국가에서 ESS를 보급·활성화하고자 애를 쓴다. 설치 보조금을 지급하는 것이다. 보조금이 초기 2013년에는 75%지원하면서 보급 확대를 꾀했다. 2017년에는 25%까지 지원금이 내려갔지만 그만큼 설비구축비용이 많이 내려갔다. 특히 ESS시스템의 70~80%를 차지하는 배터리의 가격이 꾸준히 떨어지고 있다.

공공기관에 ESS설치를 의무화했다. 2017년 건축허가를 신청하는 신축건축물부터 적용되며 기존 건축물(약 1,384개소)은 규모별로 단계적(2017~2020)으로 추진된다. 단, 임대건축물, 발전시설이나 전기 및 가스공급시설, 석유비축, 상하수도, 빗물 펌프장, 공항, 철도, 지하철시설은 예외로 하였다.

[표 5-9] 규모별 설치완료 시기

계약전력 용량	설치 완료기한	계약전력 용량	설치 완료기한
1만kW 초과	2017.12.31	2만kW~5천 초과	2019.12.31
5천~1만kW	2018.12.31	1천~2천kW	2020.12.31

또한 2016년 3월부터는 ESS촉진요금제를 만들어 ESS를 활용도를 극대화 시켰다. 최대부하시간대 방전하면 방전한 양의 1/3 만큼을 기본요금 적용전력에서 빼고 산정한다. 정부에서는 이로서 초기투자비 회수기간이 10년인 것을 6년으로 낮출 수 있었다고 말한다. 그리고 1년후 1/3마저 없애므로 파격적인 3배의 혜택을 주었다. 동시에 경부하충전시 10%할인혜택을 주던 것을 동기간동안 50% 할인하는 추가적 지원을 하였다. 이를 통해 정부는 투자비 회수기간이 6년에서 4.6년으로 줄게 될 것이라 말하고 있다. 수용가 전력사용패턴 및 요금제 활용방법에 따라 투자비 회수기간은 다르기에 일률적으로 적용할 수 없다. 그러나 한시적(2017~2019)이긴 하고 다시 1/3로 돌아가며 그마저도 2026년이면 모든 혜택이 사라지기는 하나 세계적으로 유례없는 정부보조이긴 하다. 민간회사들은 지속적인 활성화를 위해 기간연장을 요청하고 있지만 어찌될지 알 수 없다. 어쨌건 지금 ESS는 순풍에 돛단 듯 신나게 달려가고 있다.

ESS는 요금제 활용의 부하이동이나 수요반응외에 다른 용도가 있다. 전력계통 주파수 조정이나 신재생에너지 연계형이 그것이다. 주파수 조정은 FR(Frequency Regulation)로 수요와 공급의 급작스런 변화로 실시간 주파수(60Hz)가 계통에 악영향을 줄 때에 ESS가 적절히 방전하므로 전력균형(Power Balance)을 유지하는 것이다.

신재생 연계란 기후와 날씨에 따라 발전량이 달라지는 풍력, 태양광 발전원에 ESS를 연계하므로 출력을 보장하며 효율과 경제성을 높이는 것이다. 풍력발전소에 이어 태양광발전에 연계한 ESS에도 신재생에너지공급인증서(REC)가중치를 5.0으로 부여하였다. 2019년까지 5.0을 유지하고 2020년까지는 4.0으로 줄어들 계획이다. 이로서 건물, 공장의 활성화된 ESS가 태양광발전으로 옮겨지고 있다. 참고로 풍력발전연계는 2015년 REC 가중치 5.5, 2016년 5.0, 2017년 4.5로 줄어들어 2019년까지 유지되며 2020년까지는 4.0으로 줄어들 계획이다.

전기의 대표적인 특징 중의 하나가 저장할 수 없다는 것이다. 생산과 동시에 소비가 일어나고 소비가 일어나기에 생산이 일어난다. 그러나 큼직한 보조배터리로 건물의 운영효율 및 요금최적화의 성과를 내었다. 더 나아가 배터리는 야외로 나가서 신재생에너지에 접목되어 성과를 내기 시작한다. 전기도 저장이 되는 시대가 열리는 것이다. 저장의 부가가치는 집중되는 시간을 분산시키는 수요반응에서 빛을 발했다. 정부의 지원을 등에 업은 김에 중소형 건물, 공동주택, 소형 점포 및 상가에도 확산되기를 희망한다. 소형 전기소비자의 ESS에도 적합한 지원제도를 개발하여 소비자 패턴에 최적화하는 ESS기반의 새로운 수요관리 모델이 나오기를 희망한다.

5. SAVE AT 2PM

시간대별로 달라지는 요금이 나와 무슨 상관이 있는가? 원래 가격이란 수시로 변하는 것이 아닌가? 그렇다. 그래서 내가 노력하면 비용을 줄일 방법이 나온다. 시간대별로 달라지는 요금은 나와 큰 상관이 있다.

권장소비자가격이 있기는 하지만 꼭 그 가격에 사야 하는 것은 아니다. 11번가나 G마켓에서 얼마든지 싸게 살 수 있다. 홈쇼핑에서 타이밍만 맞으면 더 싸게도 살 수 있다. 오늘은 싸지만 내일은 다시 오를 수 있다. 친구가 싸게 샀다고 해서 검색해보니 다시 비싸져서 속이 쓰릴 때도 많다. 가격이 좋아서 장바구니에 넣어놓고 며칠 고민하다가 다시 검색해보니 너무 올라서 놀라기도 한다. 이쪽 마켓이 싼지 저쪽 마켓이 싼지 인터넷 광야에서 하루 종일 방황할 때도 있다.

우리나라는 아직 미국처럼 전기요금을 여기저기 싼 회사로부터 구입할 수 있는 상황은 아니다. 그러나 요금이 시간에 따라 달라진다면 스마트한 고객은 적절한 타이밍으로 돈을 벌 수 있는 것이다. 말 잘해서 콩나물 한 봉지 가격을 깎는 것보다 훨씬 재미있고 성과도 높다. 우리도 타이밍으로 국가피크절감에 기여하고 내 주머니도 쏠쏠해지는 체험을 해보자.

닭이 먼저냐 달걀이 먼저냐

우선 필자는 '닭이 먼저'라고 생각한다. 하지만 '닭이 먼저냐? 달걀이 먼저냐?'라는 논란은 끝이 없다. 비싼 전기요금은 해당 시간대 원가가 올라가서 그러는 것인가? 집중되는 시간대이므로 수요를 분산시키려고 비싼 요금이 된 것인가? 원가가 먼저냐? 요금제가 먼저냐? 이 질문은 답이 중요하다기보다 상황을 이해하는 것이 중요하다.

원가냐? 요금제냐? 우선 원가가 먼저다. 소비가 집중되는 시간엔 당연히 비싼 연료의 발전기까지 돌아가야 한다. 연료비가 올라가니 요금이 같이 올라가야 하는 상황은 맞다. 원가라고 보는 SMP는 시간마다 달라진다. 우리요금제가 시간마다 달라지는 것은 아니다. 하루 3단계의 요금단계가 있고 각 요금단계 안에서는 동일한 요금이다. 계절별로 달라진다고 하나 봄과 가을은 아예 동일하다. 한전은 시간대별로 다른 가격으로 전기를 사서 정해진 요금표에 따라 우리에게 판매한다. 영 앞뒤가 안 맞고 재미가 없다.

우리나라 전력수요 패턴을 보면 당연히 밤에는 전력사용이 낮고 낮 시간에 전력사용이 높다. 특히 여름에는 이른 오후시간에 수요가 집중한다. 냉방부하가 대부분을 차지한다. 더워서 에어컨을 켜는 것이다. 겨울은 또 다르다. 겨울은 이른 오전과 늦은 오후에 수요가 집중하는 패턴을 보인다. 최근 전기난방기기 보급으로 겨울수요 피크가 여름을 훌쩍 넘었다. 추운 겨울과 난방기기 사용의 급증은 겨울철 수요를 당분간은 계속 올릴 것으로 보인다.

이러한 사정은 시간이 갈수록 더욱 심해진다. 지구온난화의 영향인지 삶의 질로 인한 소비패턴의 변화인지 전기사용시간대의 변화가 생겨다. 최근 몇 년간 5월말부터 더위가 시작되고 있다. 예전에는 생각할 수 없는 일이었지만 6월부터 더위를 피하기 위한 에어컨 사용량이 급증하기 시작했다. 7월말이나 나타날 전력수요가 6월부터 시작된 것이다. 많은 발전기가 가동되며 원가는 늘어난다. 기존 봄철 요금을 내던 6월의 요금으로 적자가 쌓일 뿐이다. 2013년부터 6월을 여름철 요금에 편입시키며 봄과 비교할 수 없이 높은 여름요금을 부과한다. 봄철과 여름철 요금은 같은 최대부하라 하더라고 2배차이가 난다. 상대적으로 절반도 안 되는 요금으로 숨이 가빴던 것을 해소하게 된 것이다. 겨울은 추우니 오전 10시부터 소비가 증가하기 시작했으나 봄, 여름, 가을은 오전 11시까지는 전력소비가 크게 나타나지 않았었다. 그러나 최근 봄, 여름, 가을도 10시부터 소비증가가 눈에 띄게 증가했다. 사용량의 집중으로 나타난 원가상승은 중간부하시간대 요금으로 해결할 수 없었다. 역시 2013년에 겨울처럼 봄, 여름, 가을의 10시~11시도 최대부하요금을 부과한다.

그런데 다른 편에서도 생각할 수 있다. 원가냐? 요금제냐? 사용량이 집중되는 것이 보이므로 이를 분산시키기 위해 높은 요금제를 가져간다는 것이다. 채찍으로 집중되는 시간을 쳐서 분산시키는 것이다. 채찍은 아파야 채찍이다. 요금을 크게 높이므로 견디기 힘들게 해서 가능하면 다른 시간대로 이전하게 하는 것이다.

그러니까 집중되는 시간을 분산하기 위해 시간대별 요금을 정한 것이다. 높은 가격으로 수요측 반응을 이끌어내므로 공급에 여유를 갖는 것이다. 대형 화학공장이나 시멘트공장 등은 여름철 최대부하시간대에는 사용을 최대한 자제한다. 꼭 필요한 설비, 정지하면 다시 가동하는데 문제가 되는 설비를 제외하고는 가동하지 않는다. 그래서 여름철 오후 패턴을 보면 푹 꺼져있는 듯한 수요곡선이 나타난다. 대신 심야시간대나 토요일, 공휴일에는 풀가동을 한다. 요금이 싼 시간대나 싼 날 가동하여 필요한 생산물량을 확보한다. 원가절감에도 꽤 기여한다. 요금제에 의해 집중되는 수요패턴은 달라진다.

위에서 보았던 사례를 거꾸로 다시 보자. 6월부터 폭염이 생기니 수요의 급증을 예상하여 6월까지 여름철 요금으로 요금제를 바꾸었다. 그랬더니 6월부터 비싼 낮시간보다 저녁시간이나 공휴일을 이용하는 빈도가 급증한다. 비싼 발전기들이 가동되거나 더 이상 돌려야 할 발전기가 없을 때를 없애기 위해 그런 시간대에는 비싼 요금제로 바꾸는 것이다. 원가보다 요금제가 우선이란 이야기이다. 봄, 여름, 가을 오전 10시도 최대부하가 되면서 사용의 자제를 이끌어낼 수 있지 않을까?

특히 기본요금제도가 그렇다. 전력량계는 매 15분 단위로 계량을 한다. 7,8,9월 사용량이 집중되다보니 7, 8, 9월 15분 최대사용량을 기억해두었다가 1년 내내 이를 기준으로 매월 기본요금을 정한다. 최근에 와서 12, 1, 2월의 15분 피크전력이 여름철의 그것을 넘어가면서 이 또한 1년 치 기본요금의 기준으로 삼았다. 3월, 4월은 수요가 낮고 비싼 발전기가 가동될 필요가 없다. 그런데 왜 여름이나 겨울에 사용된 가장 높은 소비치를 적용하는 것일까? 7,8,9월인 여름과 12,1,2월인 겨울 소비에 채찍을 때리므로 분산시킨 것이다. 그렇게 해서 비싼 발전기 사용 및 발전소 추가건설, 송배전망 추가건설 등의 발생을 최소화시키려는 것이다.

산 위의 컵라면이나 아이스크림이 비싸다고 했었다. 누군가 높은 산까지 고생해서 가지고 올라간 인건비까지 생각해서 비싼 걸까? 거꾸로 원하는 사람이 많지만 물량이 부족해서 다 줄 수 없으니 높은 가격으로 꼭 필요한 사람만 사먹게 하는 것일까?

'닭이 먼저냐? 달걀이 먼저냐?'를 빗대어 '원가가 먼저냐? 요금제가 먼저냐?'를 보았다. 전기요금제의 변화와 트렌드를 보고 앞을 예측해 보는 것은 재미있는 일이다. 또 그런 상황을 통해 내가 어떻게 스마트하게 대응할지 생각하고 실천하는 것은 그 이상으로 흥미진진하다. 게다가 중요하다. 우리가 삶에서 '닭이 먼저냐? 달걀이 먼저냐?'를 구체적으로 고민하는 것이 중요한 것만큼 말이다.

SAVE AT 2PM

미국은 나라가 크다보니 전력시장 자체가 여러 곳이다. 전력시장 계통운영자를 ISO(Independent System Operator)라고 한다. 미국 동부를 관할하는 PJM 전력시장에는 실시간 요금제(RTP : Real Time Pricing)도 도입되어 있다. 실시간 요금제란 우리나라 TOU 요금제처럼 시간에 따라 요금이 다르지만 미리 정해놓은 3단계 수준이 아니라 실시간으로 변하는 것이다. 연료값, 수요와 공급의 변화 등에 따라 가장 합리적인 가격을 시간대별로 다르게 책정한다. 고객은 시간대별로 변화하는 가격을 보며 적정하게 전기를 사용해야 하는 상황이다. 마치 주식시장의 주식가격이 실시간 변동하는 것과 같다. 게다가 판매회사가 한 곳이 아니라 여러 곳이 있으니 나의 패턴에 맞는 판매회사와 요금제를 선택하는 것이 상당히 중요할 것이다.

이러한 상황이 우리나라에 바로 적용되지는 않겠지만, 이 책을 읽으며 이미 다양하고 액티브한 가격과 그 변화를 보며 많은 생각을 하게 되었을 것이다. 머지않아 RTP 요금도 우리 생활의 자연스러운 부분이 되지 않을까 싶다.

이제는 에너지절약도 타이밍이다. 효과가 클 때 집중해서 절약하고 효과가 적을 때는 쉬엄쉬엄 넘어가도 된다. 하루 종일 절약한다고 똑똑한 것이 아니다. 스마트에너지 관리자라면 똑똑하게 할 방법을 찾는 사람이다.

제가 잘 아는 대형건물 전기팀장이 계신다. 그 분은 참 스마트한 관리를 하신다. 한전의 요금정책이나 정부의 지원제도 변화를 잘 읽고 유효적절하게 대응하신다. 남들이 해서 하는 것이 아니라 관리건물의 패턴을 파악해서 필요한 시기에 고효율인버터를 지원받아 적용하여 큰 효과를 거둔다. 건물의 다양한 조명을 적합한 LED로 교체하고자 현황조사에 시장조사까지 꼼꼼히 하신다. 조도를 측정해서 기준조도 및 기존조도에 문제가 되지 않는 수준의 LED를 선택하신다. 정부지원을 적절하게 받아 1년여의 기간을 두고 교체해서 기본요금 및 사용량요금의 큰 효과를 보신다. 건물특성상 참여하기가 쉽지 않은 전력수요관리제도로 가장 빨리 정보수집 및 파악하신 후 참여가능한 설비를 선정하여 참여하셨다. 수요감축 요청이 잦아도 때마다 잘 대응하시고 오전에 상황이 어려운 때는 대체자원으로 감축에 참여하신다. 최근에는 엘리베이터 회생제동 지원프로그램을 검토하시고 적용을 준비하신다. 회생제동이라는 말은 오래전부터 나왔으나 경제성을 확보하기 어려웠는데 관리건물 엘리베이터 가동률 및 운영시간을 분석하고 지원프로그램을 접목하셔서 투자대비 경제성을 극복하신다. 비상발전기에 CTTS(무정전전환장치)를 선투자 받아 수요관리참여 및 비상발전기 효율적 활용 및 전기안전장치 보강에 활용하려고 계획하신다. 국내 대표적인 에너지프로슈머이시다.

예전처럼 무조건 ESCO 에너지절감 설비를 투자해서 절약할 때는 지났다. 경제성도 안 나오고 초기만 효과가 있다가 조금 지나면 관리가 안될 때도 많다. 이제는 스마트한 관리를 통한 에너지 절감의 때이다. 에너지 절약도 한푼 두푼 티끌 모아 태산의 개념으로 가는 것이 아니라 타이밍을 잘 맞춰 한방에 절약하는 것이 중요하다. 그렇게 한방을 잘 찾아서 그것을 하나하나 티끌 모으듯이 태산을 만드는 것이 훨씬 빠르게 태산을 만들 수 있다.

예전에 에너지관련 포스터는 '석유 한 방울 안 나는 나라, 석유 1리터를 줄이자' 등이었다. 이제 에너지는 '아끼자, 줄이자'의 패러다임에서 벗어나야 한다. 에너지시민연대에서 내건 'SAVE AT 2PM, 절전도 타이밍'이라는 포스터가 있다. 그룹 2PM이 모델로 나왔다. 여름철 오후 2시에 절전하는 것이 새벽에 절전하는 것보다 3배이상의 효과가 있다. 형광등 한등 꺼서 전기요금 줄이는 것도 필요하지만 수요자원 거래시장에 타이밍을 맞추면 100배 이상의 효과를 볼 수 있다. 모로 가도 서울만 가는 것이 아니라 효과적인 방법으로 서울을 가면 좋지 않을까? 앞으로 SAVE AT 9PM이 될지 SAVE AT 17PM이 될지 모르지만 SAVE AT 2PM의 철학만큼은 간직하기 바란다.

06

진짜 가상 발전소(VPP)

1. 소규모 전력중개시장
2. 에너지효율향상 의무화제도 (EERS
   : Energy Efficiency Resource Standard)
3. 국민DR

가상발전소, Virtual Power Plant란 물리적으로 나타나지 않고 보이지 않는 발전기를 말한다. Virtual은 가상이란 뜻으로, 실제로는 존재하지 않지만 비슷해 보이고 거의 현실과 다름없는 것이다. 최근 자주 접하는 VR이란 용어는 Virtual Reality이다. 가상현실을 말한다. 스마트폰을 통한 VR 컨텐츠가 많이 생기고 있다. 2018년 평창동계올림픽은 VR중계가 이루어진 첫 올림픽이었다. VR기술을 통해 생생한 현장소식을 받아보며 스키점프나 스켈레톤, 봅슬레이 등 다양한 스포츠를 실제와 같이 체험할 수 있었다. 누구나 스켈레톤 금메달리스트 윤성빈 선수와 같은 스릴을 느낄 수 있다니 멋지지 않은가?

위험한 상황의 교육과 실습에도 매우 유용하다. 한국전력과 전자부품연구원은 '스마트 변전소'를 통한 업무체험교육을 개발하였다고 한다. 스마트 변전소는 전력 현장에 사물인터넷과 VR, AR을 접목시켜 작업자가 실제 현장처럼 느낄 수 있게 하였다. 안전하면서도 구체적이고 효율적인 현장교육이 가능해진 것이다.

가상발전소도 VR기술로 실제같이 만든 것일까? 그런 가상발전소에서 정말 전기가 만들어져서 공급이 될까? 가상발전소는 존재하지 않으면서 실제와 같은 것일텐데 결국 전기가 만들어지지 않으면 가짜 가상발전소가 아닐까?

Virtual Power Plant는 실제 물리적 발전소가 어느 곳에 위치하고 있지 않다. 그러나 Virtual하게 엮었지만 실제 어느 곳에 있는 것처럼 전기를 공급하는 동일한 효과를 낸다. 이미 설명한 수요자원거래시장의 수요반응자원이 대표적인 가상발전소이다. 전국에 산재해있는 공장과 건물의 줄일 수 있는 자원을 모아서 가상으로 구성한 것이다. 최소 10개 이상의 수용가로 한번에 줄일 수 있는 용량은 10MW를 넘는다. 1시간전에 신호를 보내면 전력거래소와 우리나라 계통에서는 10MW의 전력이 생산한 것과 동일한 효과를 낸다. 실제 국가 전력수요그래프가 그만큼 줄어들거나 기타 전기소비자가 그만큼 사용할 수 있다. 가상발전소이지만 가짜 가상발전소가 아닌 진짜 가상발전소이다.

VPP의 큰 형이 수요자원거래시장의 수요반응자원이고 동생들이 줄줄이 태어나려 하고 있다. 아직 어머니 뱃속에 있지만 오늘 내일 하고 있다. 바로 소규모 전력중개시장의 소규모 분산자원들이다. EERS와 국민DR이다. 진짜 가상발전소들의 활약을 기대해볼만한다. 대신 이들의 개념을 이해하고 향후 변화해가는 트랜드를 파악하며 그 안에서 에너지프로슈머의 존재감을 찾아가는 것은 우리의 몫이다.

1. 소규모 전력중개시장

소규모 분산자원으로는 태양광, 소형풍력, 연료전지, 마이크로 CHP, 전기자동차, 전기저장장치 등이 있다. 대규모 집중형 전원과 달리 소규모로 전력소비지역 부근에 분산 배치되어 있다. 배전계통 연계 발전원은 대부분 신재생에너지이며 그 중에 태양광이 사업자 수의 99%, 용량의 77%를 차지하고 있다.

소규모 분산자원이 전력거래에 들어갈 수 있는 경우는 제한적이다. 일반용과 자가용과 사업용으로 나뉜다. 일반용전기설비는 10kW 이하의 설비용량이다. 자가소비가 기본이며 전력시장 거래는 불가능하지만 발전량과 수전량을 상계하는 방법으로 거래가 가능하다. 상계제도란 건물에서 태양광발전으로 생산한 전력을 자가소비하고 남을 경우, 별도로 계량해 두었다가 전기요금을 차감해주는 제도이다. 그러나 상계하고도 남는 잉여전력을 판매할 수 있는 방법은 없다. 발전회사 신재생 의무생산인 RPS(Renewable Portfolio Standard)제도의 REC발급이 불가하다.

자가용전기설비는 한전의 PPA(Power Purchase Agreement)와 전력시장의 거래가 가능하다. 1MW 이하의 발전설비는 PPA 계약을 주로 하지만 월가중평균 SMP를 받는 점에서 시장을 통할 때 시간대별 SMP를 받는 것보다 불리한 점이 있다. 상계거래는 10kW이하의 일반용만 가능했었는데 2016년 10월 고시개정으로 태양광 설비용량 상한선을 10kW에서 1,000kW로 올렸다. 이로서 주택 외에 자가용설비에 들어가는 대형빌딩, 병원, 학교 등도 상계거래를 할 수 있게 되었다. 전력거래량을 자체 소비하도록 하기 위해 생산량의 50% 미만만 판매가 가능하도록 제한했으나 2017년 3월에 [전기사업법 시행령 및 고시] 개정으로 상한선을 폐지했다. 생산한 전력을 경제성이 더 있다면 자체사용하지 않고 전량을 거래할 수 있게 된 것이다. 자가용전기설비도 사업용이 아니기에 REC를 발급받지는 못했으나 2016년 9월 고시개정으로 자가용 신재생발전설비로 생산한 전력 중 전력시장 등에 거래되는 부분은 REC를 발급하기로 했다.

사업용 전기설비는 PPA와 전력시장 거래가 가능하며 RPS 제도 참여를 통해 REC를 받을 수 있다. 전기사업용 전기설비로서 발전사업자로 등록이 된다. 발전량 전량을 판매할 수 있다.

그런데 이렇게 개별 분산자원의 수익성 향상과 투자확대를 위해 제도를 개선했지만 뭔가 2%가 부족한 구석이 있다. 개별 소규모 자원을 가진 분들이 시장진입 및 각종 거래를 위해서는 복잡한 사업절차의 어려움이 있다. 관련한 계측/계량 등의 설비보완 운영등의 애로도 있다. 적은 REC거래로 인한 경쟁력과 협상력 부족도 큰 문제이다. 대규모 발전사대비 규모의 경제에 따른 문제는 소모품, 보수비용 등에서도 차이가 생긴다. 실시간 또는 중장기 SMP, REC 가격전망 및 효과적인 입찰 등 사업운영도 쉽지 않다. 제도가 현실을 앞서가니 가랑이가 찢어질 듯하다. 제도와 현실의 격차를 채울수 있는 카드는 중개시장과 중개사업자의 출현이 될 것이다. 수요관리사업자가 전력거래소가 요구하는 시장규칙 준수, 기타 기술적인 의무사항과 전기를 줄이기만 하면 되는 고객간의 격차를 채우며 사업을 이끌고 있는 것이 좋은 선례이다. 중개사업자가 다수의 분산자원을 모집하여 일정규모 이상의 발전설비화 시켜서 전력시장에서 거래하는 것이다. 중개사업자가 시장에서 활동하며 행정, 기술적인 행위를 대행하고 분산자원을 가진 고객은 대형 신재생자원 전력시장에서 얻을 수 있는 효과를 가져가는 것이다.

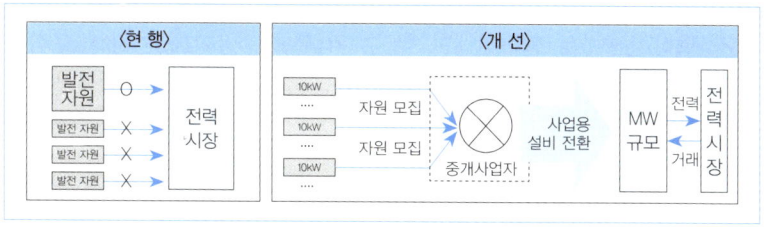

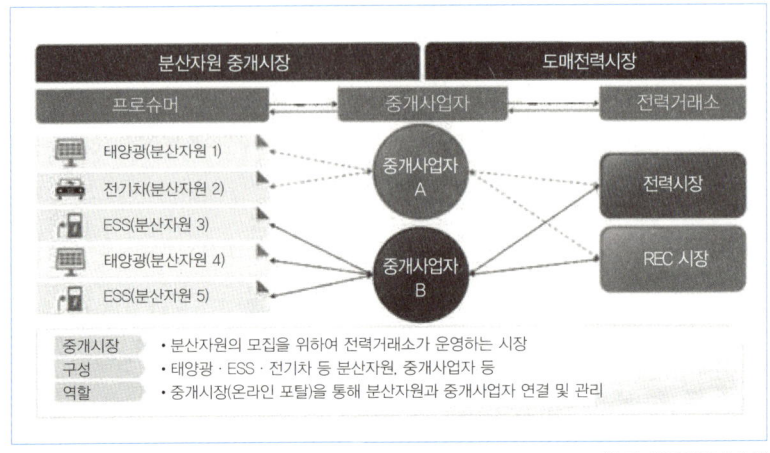

[그림6-1] 소규모 전력중개시장 개념도

소규모 전력중개시장의 정의는 다음과 같다. '소규모 발전자원의 모집을 위하여 제35조에 따라 설립된 한국전력거래소가 개설하는 시장을 말한다.' 중개사업자는 다음과 같다. '[지능형전력망의 구축 및 이용촉진에 관한 법률] 제12조 제1항에 따라 지능형전력망 서비스 제공사업자로 등록한 자 중 대통령령으로 정하는 자이며 설비용량 1MW미만의 발전설비를 모집하여 제43조에 따른 전력시장운영규칙으로 정하는 바에 따라 전력시장에서 전력거래를 할 수 있다. 다만, 거래를 위해 모집한 발전설비의 용량이 최소 20MW이상이어야 한다.' 소규모전력중개시장은 다음과 같다. '중개사업자가 소규모전력자원을 모집/관리할 수 있도록 전력거래소가 개설하는 시장, 전력시장운영규칙은 전력거래 규정에 따르고 중개시장운영규칙에는 모집·관리·전력거래에 따른 정산/결제·정보공개·분쟁 등을 규정한다.'

2016년 전력거래소는 소규모전력중개 시범사업을 시작하며 시범사업자 공모하였다. 소규모 전력중개시장 개설에 앞서 예비 중개사업자 참여하에 중개거래 절차 및 운영시스템을 사전에 검증, 제도 및 시스템을 보완하고 사업활성화를 위한 지원방안을 마련하기 위함이었다. 시범사업자 선정기준은 소규모전력자원 모집이 가능하고 자원관리, 발전량 예측 등 기술적 요건을 갖추어야 한다. 제안평가를 통해 선정된 6개 시범사업자는 KT, 벽산파워, 포스코에너지, 이든스토리, 한화에너지, 탑솔라이다. 그러나 법안계류가 지연됨에 따라 시범사업 역시 제대로 수행되지 않았다. 2018년 5월 전기사업법 개정안이 국회를 통과하므로 법적근거가 마련되었다. 시범사업 등 검증을 통한 사업초기 안정적 정착준비를 해야 할 때다. 중개사업자들이 만들어진 시장에서 자생할 뿐 아니라 활성화시키기 위해서는 수익모델이 분명해야 한다. 사업자 없는 시장은 존재의미가 없다. 수익모델은 누가 찾아준다기보다 정부와 전력거래소와 사업자들이 만들어가는 것이다.

호주의 소규모발전사업자 SGA(Small Generation Aggregator) 모델을 많이 참조한다. 2012년에 도입되었으며 소규모 발전설비를 통합하여 전력시장에 참여하는 시장참여자 규칙을 만들었다. 전력시장에 참여하는 소규모 발전설비의 거래비용을 감소시키며 소규모 발전설비 소유자의 선택권을 강화하였다.

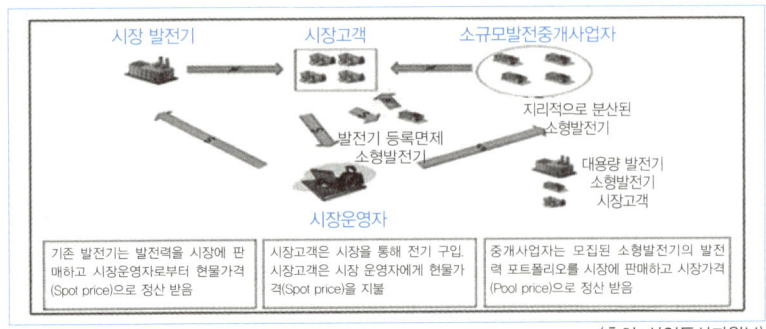

[그림6-1] 호주의 소규모 발전중개사업자 사례

미국 캘리포니아는 에너지저장장치 및 집합된 분산자원의 전력시장 참여를 촉진하기 위해 분산자원공급자(DERP : Distributed Energy Resource Provider)와 스케줄관리자(SC : Scheduling Coordinator)제도를 도입하였다. 분산자원공급자의 역할은 분산자원을 모집하여 모집된 자원의 전력시장 거래를 실시하고, 개별자원의 용량, 운영특성 등을 전력시장 운영자와 공유하는 일이다. 스케줄관리자는 분산자원을 제어하여 실제 시장에 참여할 수 있도록 전력시장에 대한 입찰을 실시하고 계량데이터를 검증하고 관리하는 역할을 맡았다.

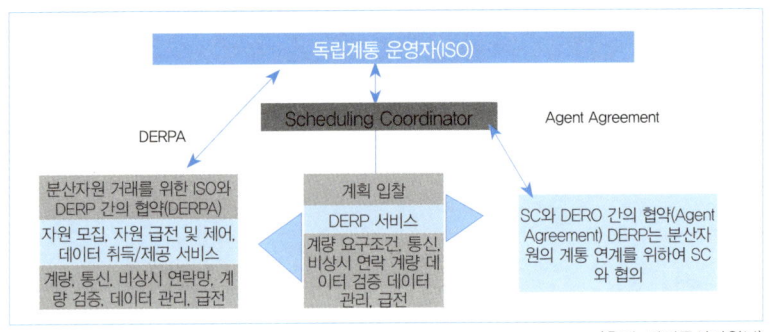

[그림6-3] 미국 캘리포니아 SC 및 DERPA 사례

일본은 소매 전면자유화에 따라 소매시장 경쟁을 확대하며 신전력사업자가 출현하였다. 그들은 발전과 판매가 가능하다. 자체 생산전력 또는 구입전력을 판매할 수 있으며 기존 석유, 가스 에너지사업자와 소프트뱅크와 같은 통신사업자, 지자체에서 관심을 가지며 사업자로 진출하고 있다.

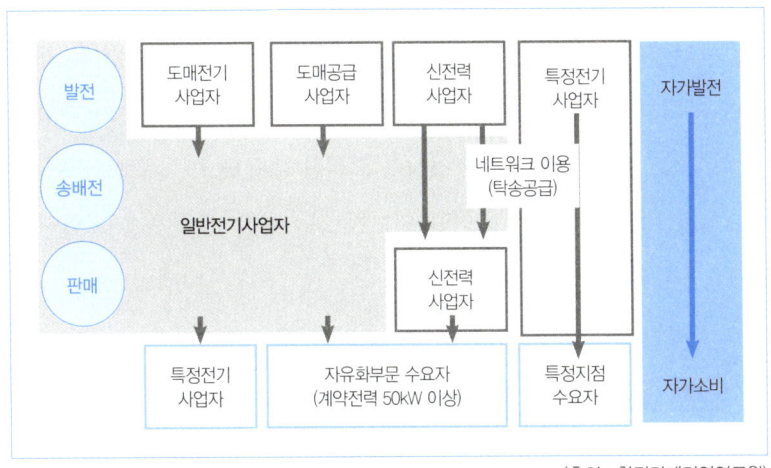

(출처 : 한전경제경영연구원)

[그림6-4] 일본 전력사업의 사업자별 역할

소규모 전력중개사업이야말로 대표적이고 분명한 VPP이다. 글로벌도 사례가 있기는 하나 아직 걸음마 단계이다. 형님이 수요자원시장으로 다져놓은 VPP기반을 바탕으로 기술, 안정적 수익모델, 운영 서비스, 검증, 정산을 갖출 것으로 기대한다. 수요측관리에서 VPP가 세계적인 성공모델이 되어 국내 전력계통 안정화에 기여하며 세계시장에 수출하는 모델로 키워지기를 바란다.

3020은 무엇인가?

2030년까지 재생에너지 발전량 비중을 20% 달성하겠다는 계획이다. 이는 재생에너지 사업용발전량 115TWh 및 자가용 발전량 17TWh를 합한 132TWh이며 2030년 현재 국내 총발전량의 20%된다. 설비용량 기준으로는 2017년 현재 15.1GW(태양광 5.7GW)에 2030년까지 48.7GW(태양광 30.8GW)를 추가 증설하여 총 63.8GW(태양광 36.5GW)의 재생에너지 설비용량을 만들게 된다. 주체별로는 도시형 자가용 태양광을 확대하며 협동조합 등 소규모 사업지원을 강화한다. 농가 태양광을 확대하고 주민수용성과 환경성을 고려한 대규모 프로젝트를 추진한다. 이를 위한 투자계획이 2030년까지 정부재정 18조 원을 포함하여 100조 원내외가 예상된다.

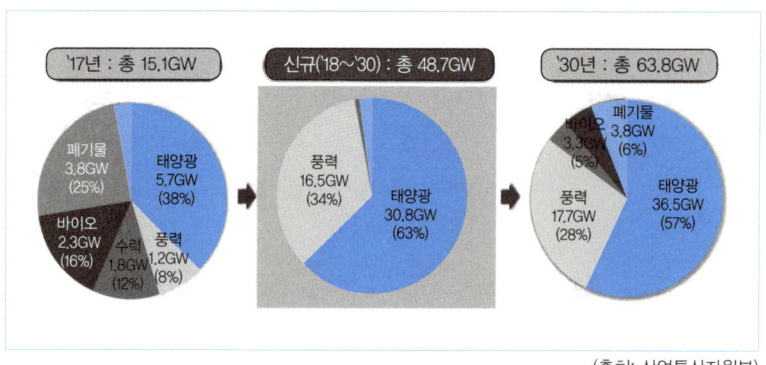

(출처: 산업통산자원부)

[그림6-5] 재생에너지 3020 계획

특징적인 것은 3020을 통한 에너지신산업 육성방안을 가지고 있다. 분산발전에 4차산업혁명 신기술(AICBM)을 융합하여 IoE 기반 에너지 신산업 발굴 확산을 계획한다. AICBM이란 AI, IoT, Cloud Computing,

Big data, Mobile를 말한다. 특히 분산전원기반 에너지신산업 육성방안의 대표적인 것으로 소규모 전력중개시장이다. 중개시장의 활성화를 위해 분산자원의 효율적 유지보수를 위한 ICT기반의 운영제어기술 개발을 지원한다. 빅데이터, AI 등을 활용한 기상 및 발전데이터 수집분석으로 발전량 예측 오차의 획기적인 개선을 지원한다. 이를 통한 출력 변동성이 큰 분산된 재생에너지도 VPP화되어 전력시장에서 제 역할을 할 것으로 기대된다.

2. 에너지효율향상 의무화제도(EERS : Energy Efficiency Resource Standard)

에너지효율향상을 고효율 설비개발 및 사용자의 자발적 참여를 유도하는 것만으로는 한계가 있다. 전기나 가스, 열을 판매하는 공급사에 에너지 효율개선 의무를 부여하는 것도 효과적인 방법이다. 에너지 공급사는 소비자의 다양한 에너지 사용정보를 공유하고 있기에 이를 활용한 비용효과적인 효율개선을 할 수 있다고 보는 것이다. 일시적인 효율개선에 그치지 않고 지속적인 관리를 통한 효율개선을 가능케 할 수 있는 구조이기도 하다.

한편으로는 많이 사용할수록 수익을 창출할 수 있는 구조인 공급사에 효율개선의 의무를 부과하므로 이를 견제한다는 측면도 있다. 에너지 공급자로는 한국전력, 가스공사, 한국지역난방공사, 도시가스사, 집단에너지사업자 등이 있다.

에너지효율향상의무화제도(EERS)는 에너지공급자에 에너지판매량과 비례하여 에너지 절감목표를 부여하고, 다양한 효율향상투자를 통해 목표를 달성하도록 의무화하는 제도이다. 공급자는 이를 달성키 위해 에너지소비자를 대상으로 효율향상 절약활동을 이행해야 한다. 이행 여부에 따라 에너지공급자는 패널티나 인센티브를 받는다. 앞에서 본 RPS(Renewable Portfolio Standard)라고 '신재생에너지공급의무화제도'가 있다. 전력을 생산해서 공급하는 회사에게 총발전량의 일정비율(%) 이상을 신재생에너지로 공급하도록 의무한 제도와 방식은 흡사하다.

에너지공급자는 '에너지이용합리화법'에 따라 효율향상을 적극적으로 추진할 법률적 책무가 있다. 또한 미국, EU 등 선진국에서는 도입 시행되고 이는 프로그램이다. 미국은 전체 주의 절반이상인 26개주가 주정부차원에서 법제화해 EERS제도를 의무시행하고 있으며 연방차원으로 확대를 추진 중이다. 구체적으로 연방정부는 주정부의 EERS 목표이행을 보완하기 위해 2030년까지 전력량의 20% 및 가스의 13%를 절감하는 국가 에너지절감 목표도 수립하였다.

구체적으로 미국의 캘리포니아주는 전력위기사태인 2001년 이후, 에너지공급자가 EERS를 통해 소비자에게 에너지서비스 및 수요를 충족시키도록 의무화 한 이후, 2004년까지 18억 6,900kWh의 전력사용량과 384MW의 피크부하를 절감하였다. 10개년 목표치는 전력소비량의 약 10%, 피크수요에 약 12%이다. 가장 최근(2016년)에 합류한 New Hampshire주의 경우 전력회사와 가스회사 전체가 대상이다. 전력은 2018년까지 전년도 판매량의 0.8%, 2019년까지 1.0%, 2020년까지

1.3%의 에너지효율향상 목표를 부여받았다. 가스는 2018년까지 전년도 판매량의 0.7%, 2019년까지 0.75%, 2020년까지 0.8%의 에너지효율향상 목표를 부여받았다.

EU의 경우도 프랑스, 영국, 이탈리아를 포함한 16개국이 2000년대 중반부터 본 프로그램을 시행하고 있으며 많은 성과를 내고 있다. 영국은 전력 및 가스 판매업체에 주택용 에너지효율향상 목표를 달성토록 의무화했으며 도입 후 350억kWh의 전력사용량 절감효과를 낸 바 있다. 프랑스는 연간 에너지판매량이 400GWh 이상인 전기, 천연가스, 냉난방 공급업체들을 대상으로 목표를 부여하고 달성하도록 의무화했다.

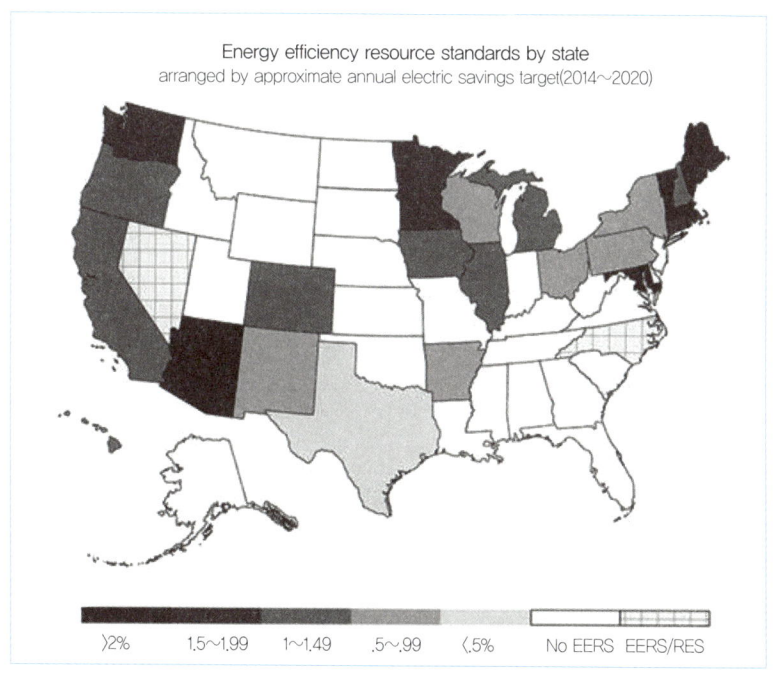

[그림6-6] 미국 주 별 EERS 참여효과

우리나라도 EERS 시행에 대해 2008부터 '제4차 에너지이용합리화 기본계획'에 계획을 반영하며 추진해왔으나 공급사업자 부담, 업계반발 등으로 번번히 도입이 무산되었다. 에너지 공급자의 입장은 에너지 사용이 늘어 공급량을 늘려야 수익도 창출된다. 게다가 에너지효율향상을 위해서는 고효율기기 등 초기 선투자가 필요하다. 공급사 측면에서는 당장 매출 및 수익이 줄어드는데 투자비용까지 부담해야 하는 것이다. 국가적으로는 바람직하지만 기업의 입장에서는 곤란한 일이다. 만약 기업이 이런 내용을 떠안지 않으면서 운영된다면 결국 에너지요금 상승으로 이어질 것이 뻔하다. 또한 이를 기업이 떠안지 않게 되면 결국 에너지요금 상승으로 이어질 것이 뻔하다.

에너지 공급자에 과도한 부담이 되지 않는 선에서 선진국의 사례를 벤치마킹하여 국내 실정에 맞는 합리적인 의무이행 목표를 설정해야 하는 때가 되었다. 정부의 보조금이나 세제혜택 등 초기 동기부여를 위한 유인책도 필요하다고 본다. 8차 전력수급기본계획에서 분명한 의지를 보인만큼 구체적인 방안이 나올 것으로 기대한다.
실제로 한국전력을 중심으로 2년간 시범사업을 계획하고 있다. 제8차 전력수급기본계획에 따르면 고효율기기를 통한 EERS의 전력소비량 절감계획이 2020년 3,123GWh이고 2030년은 32,020GWh이다. 최대 전력 절감계획은 2020년 255MW이고 2030년 2,520MW이다.

년도	2017	2018	2019	2020	2021	2022	2023	2024	2025	2026	2027	2028	2028	2030	2031
최대전력(MW)	0	62	147	255	36	548	733	920	1,195	1,467	1,734	2,023	2,285	2,520	2,814
전력소비량(GWh)	0	760	1,798	3,123	4,471	6,663	8,884	11,126	14,516	17,925	21,351	25,176	28,73	32,020	36,438

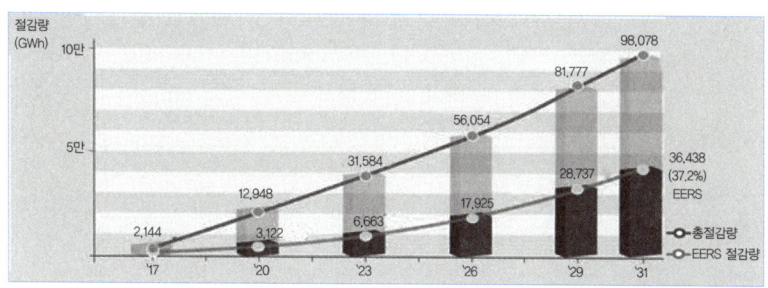

(출처: 산업통산자원부)

[그림6-7] 우리나라 EERS 중장기 목표

당장 2018년 전력소비량 절감계획은 760GWh이며 최대전력 절감계획은 62MW이다. 한국전력은 올해 시범사업에서 0.15%의 절감목표치를 부여받았다. 한전의 2016년 전력판매량은 497TWh이다. 2018년에는 전전년인 2016년 판매량의 0.15%인 746GWh를 절감해야 한다. 전력판매금 측면에선 2016년 매출을 55조로 보면 0.15% 절감은 약 825억 원의 매출감소를 의미한다.

〈EERS 에너지 절감목표〉

○ 에너지 절감목표(GWh) = 전전년도 에너지판매량(GWh) × 목표비율(%)

○ 시범사업 기간 연도별 에너지 절감 목표비율(%) :

구 분	'18	'19
한국전력공사	0.15	0.2

에너지공급자 입장에서는 매출감소도 즐거운 이야기가 아닌데 감소케하

는 고효율기기 선투자비용까지 떠안는다면 더욱 즐겁지 않을 것이다. 수요측 관리를 또다른 측면에서 활성화시킬 좋은 제도임에 틀림없지만 이를 지속적으로 가져갈 수 있는 합리적인 방법론이 필요하다. 시범사업을 통해서 이름처럼 제도도 효율적으로 운영되는 기반이 잡히기를 바란다. 시험과 인증 등 세부절차와 에너지 절감량 산출, 검증 등이 확정되어야 한다. 이를 통해 구체적이고 실천가능한 절감목표량과 공급의무자 대상이 확대되어 수요측 관리의 든든한 수단으로 자리잡기를 바란다.

 여기서 잠깐!

디커플링(Decoupling)은 무엇일까? (같이 가지 말고 따로 움직이자)

주식시장에는 이런 말이 있다고 한다. "미국이 재채기하면 한국은 독감에 걸린다." 국내 증시가 미국 경제 및 증시상황에 따라 움직인다는 말이다. 밀가루 값이 오르면 빵이나 과자 값이 같이 오르는 것도 서로 밀접한 관계가 있다. 그러나 반대의 경우도 있다. EERS가 공급자들의 매출과 수익에 직접적인 영향을 미칠 수 있다고 배웠다. 정부는 에너지공급자의 손실을 막아주기 위해 판매량이 줄어들면 요금을 올려준다. 반대로 판매량이 많으면 요금을 내려서 기업 입장에서는 수익률을 일정하게 보장해주는 것이다. 이것이 '디커플링' 방식이다. 요금변동성이 빈번하게 생기며 의도적인 밸런싱으로 혼란이 있을 수 있다. 그렇지 않더라도 우리나라 실정에서 요금을 자유롭게 조정하는 것 자체가 쉬운 일이 아니다. 그래서 수입 감소분을 회수하는 메커니즘도 거론된다. 판매량 감소에 따라 수익감소분을 보전해주는 시스템이다. 디커플링을 선호하지 않는 사업자들은 반길만하다. 그러나 판매량 축소의 유인책이 약하며 정확한 평가가 어렵고 모니터링 비용이 증가하는 단점이 있다.

 **여기서 잠깐!**

RPS(Renewable Portfolio Standard)를 알아보자!

신재생에너지공급의무화제도로서 대상인 신재생에너지공급의무자는 총 발전설비용량 500MW이상을 보유한 발전사업자이다. 한전 발전자회사 6개사, 공공기관 발전사 2개사 그리고 민간 발전사업자 10개사로 총 18개 회사이다. 이들의 할당의무량은 연간 정해져 있으며 매년 상승해서 2023년에는 총 발전량의 10%를 신재생에너지로 공급해야 한다.

연도	2012년	2013년	2014년	2015년	2016년	2017년	2018년	2019년	2020년	2021년	2022년	2023년 이후
비율(%)	2.0	2.5	3.0	3.0	3.5	4.0	5.0	6.0	7.0	8.0	9.0	10.0

* 연도별 총 의무공급량 = 총발전량(전년도/신재생 제외)*의무비율(%)

할당 의무량을 대응하는 방법은 세 가지이다. 첫째는 직접 신재생에너지 발전소를 설치해서 생산한다. 둘째로는 다른 신재생에너지 사업자에게 사온다. 셋째로는 지키지 않아서 벌금을 낸다. 세 번째 방법은 바람직하지 않다. 왜냐하면 사오는 것보다 1.5배 비싼 벌금이기 때문이다. 사오는 두 번째 방법은 직접 사오거나 한국에너지공단이 운영하는 시장에서 사는 방법이 있다. 시장에서 거래되는 기준단위를 REC(신재생에너지공급인증서 : Renewable Energy Certificate)라고 한다.

3. 국민DR

인센티브 기반의 수요반응(Demand Response)은 당근 프로그램이라고 설명했다. 그만큼 메리트를 주면서 수요측의 반응을 이끌어내는 수요관리이기 때문이다. 그런데 이에 참여하고 혜택을 받는 대상이 대규모 공장 중심으로 이루어지고 있다. 그도 그럴 것이 대규모 공장이 감축참여가 비교적 수월하고 양도 많기 때문이다. 실제로 대형 철강, 시멘트, 화학공장은 연간 수십억의 기본정산금을 수령하기도 한다. 물론 그만큼 감축요청에 대응할 수 있어야 하지만 말이다. 2017년 여름 중소형DR이 생기기는 했지만 애초 대상이었던 소규모 공장이나 건물에 대한 것일 뿐이다. 감축량이 작은 곳에 동기부여를 하여 참여유도하기 위한 일환이었다. 여전히 소형 상가나 점포, 개별 세대 단위에서 인센티브기반의 DR은 것은 먼 나라 이야기일 뿐이다. 참여를 위한 노력이 필요하고 쉬운 일은 아닌 대상이기는 하나 그래도 4차 산업혁명을 운운하는 시점에서 뭔가 소외된 듯한 기분을 주기에 충분하다.

그래서 기획되고 준비된 것이 국민DR이다. 국민 모두가 참여할 수 있는 수요반응 프로그램을 새롭게 도입하겠다는 것이다. 아파트 302호에 사는 주부도 DR에 참여할 수 있고 인센티브를 받을 수 있다. 건물 1층의 커피점도 DR에 참여하여 성과만큼 인센티브를 받을 수 있다. 지하에 있는 PC방도 얼마나 참여할 수 있을지 모르지만 줄인 만큼 DR에 참여하며 인센티브를 받는 길이 열린 것이다.

예전에도 참여하려면 할 수 있었지만 건물이나 아파트 단위로 프로그램이 운영되어서 내가 아무리 줄여도 다른 집에서 더 사용한다든지 하면 전체적으로는 성과가 나타나지 않는다. 게다가 줄였다고 해도 내가 줄인 것이 맞는지 내가 얼마나 줄였는지 확인이 되지 않으니 정산금 배분이 불가능했다. 그러나 이제는 개별 영역에서 감축에 참여한 것을 확인하고 그에 따라 정산하여 개별 입금해주니 국민단위에서 수요반응을 할 만한 세상이 되는 것이다.

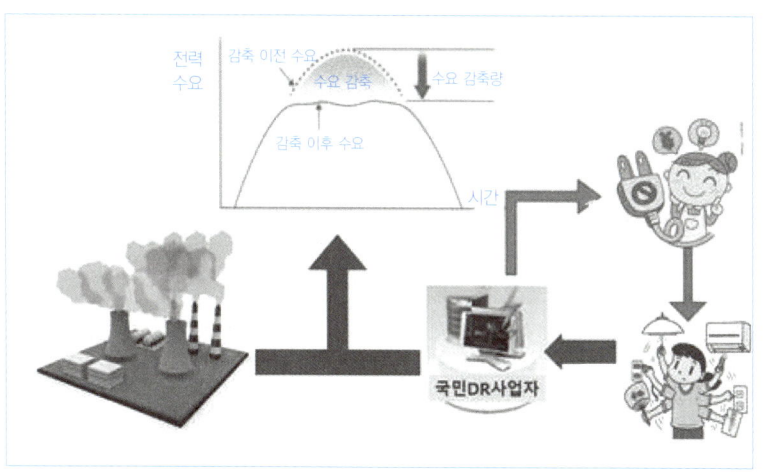

[그림6-8] 국민DR 대상과 국가적 효과

이것이 활성화되기 위해서는 몇 가지 개선되어야 할 부분이 있다. 어찌보면 같은 DR이지만 표준DR이나 중소형DR과 국민DR은 성격이 매우 다르다. 형제는 형제인데 배다른 형제라고 볼 수 있을까? 왜냐하면 국민 개별 단위로 DR이 내려가면 기술적인 참여나 계획된 설비제어를 통한 감축이라기보다 소비자의 행동패턴 변화로 인한 감축인 경우가 많기 때문이다. 계측 계량에 대한 정밀도의 문제나 CBL과 같은 기준라인에 대한 문제, RRMSE 체크의 문제, 감축요청에 대한 반응시간과 지속시간, 자원구성 및 포트폴리오에 대한 기준 등을 새로운 각도에서 보아야 한다.

예를 들어 가정에서 냉장고나 조명은 일정한 패턴이다. TV도 저녁시간에 가족과 함께 볼 것이다. 그러나 세탁기는 사용하는 날이 있고 사용하지 않는 날이 있다. 요일별로 다를 수 있다. 주말에 집중되는 가전이 있다. 사용시간도 다르다. 전기다리미나 커피포트는 사용시간이 들쑥날쑥하다. 감축요청이 올 때 CBL인 기준라인 설정이나 감축량을 산정할 때 이견이 있을 수 있다.

참여를 유도할 때 하루 전 예고가 효과적인지 한시간전 예고가 효과적인지 아니면 30분전에 예고하는 것이 효과적인지 여러 이견이 있다. 참여할 때 공장처럼 생산업무 등에 손실을 따져보는 것과 달리 그들이 행동패턴의 변화가 자연스러운지 판단하며 행동패턴 유도를 이끌만한 동기부여가 적절한지 판단해야 한다.

국민DR이 기존 수요자원시장의 표준DR이나 중소형DR과 다른 특장점이 있어야 한다. 개인적으로도 국가적으로도 효과가 있어야 한다. 이를 위한 대표적인 유익과 특징은 국민DR의 빠른 반응시간이다. 기존에는 1시간 전 통보를 하였지만 계통 예측과 안정화 및 실적을 위해서는 빠른 반응시간은 무조건 좋은 것이다. 공장이나 빌딩의 자원들이 반응시간만 좀 더 길게 해주면 참여를 더 잘하고 용량도 올릴 수 있으니 미리만 알려 달라 한다. 실제로 전력거래소도 하루 전 예측 프로그램까지 고민해가며 신뢰성 있는 자원 확보를 위해 노력하고 있다. 그럼에도 불구하고 예측치 못한 상황은 늘 존재하기에 빠른 반응시간을 갖는 자원이 있다는 것은 기쁘고 든든한 일이다. 국민DR을 그런 자원을 보았다. 30분전 통보이다. 3년간의 정부지원 연구과제를 통해 가능성을 보았으며 이러한 분명한 상품차별화 및 경쟁력이 국민 DR의 지속가능한 존재의미가 될 수 있을 것이다. 1시간 전 감축요청 후 감축상황을 보아가며 부족한 부분을 30분 안에 추가로 감축을 요청할 수 있게 되는 것이다.

지금까지 DR에 대한 이야기를 들은 독자는 국민DR을 보면서 의구심이 생길 것이다. 줄였다는 것을 무엇으로 입증하나? 전기소비자의 계량기가 실시간 계측이 가능해야 할 텐데 가정이나 소규모 사업자에게 그런 것이 있나? 없으면 이를 구축해야 하는데 배보다 배꼽이 더 커지지 않을까? 또 그런 민간계측기를 통한 전력량데이터의 신뢰성을 어떻게 검증하나? 돈과 직결되는데 여러 모럴헤저드가 발생하지 않을까? 지당하신 생각이시다. 우선 배보다 배꼽이 더 커지는 문제를 해결하기 위해 IoT 소형 경량의 계측기를 허용하려고 한다. 민간의 전력량데이터를 활용하여 서비스에 참여하도록 허용할 준비를 하고 있다. 여기에 뒤따르는 문제는 완벽할 수는 없더라도 시장의 운영규칙이나 제도적인 방법으로 해결하고자 한다. 구더기 무서워 장 못 담을 순 없는 노릇이다.

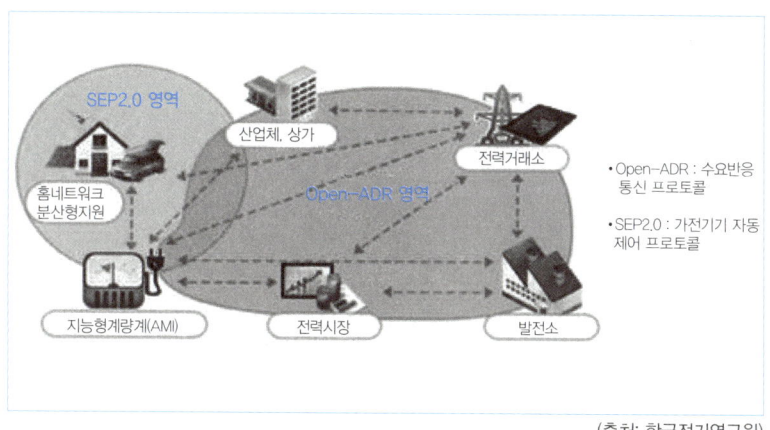

(출처: 한국전기연구원)

[그림6-9] 국민DR 수용가 및 KPX 통신방식

대상이 개별세대나 개인이 되니 거기에 걸맞은 상품과 보상방법이 다양할 필요가 있다. 전 국민의 수요감축 참여 독려에 중점을 두고 있느니 만큼 계절영향을 고려하지 않은 채 연중 감축량을 정해놓기가 쉽지 않다. 기존 시장의 피크감축DR에 참여하려면 수요반응자원이 연간 계절과 무관한 고정된 감축용량이 고정되어야 한다. 그러나 이를 국민DR의 대상인 가정이나 소규모 점포에게도 동일하게 적용하는 것은 무리이다. 무슨 말인가 하면 500W를 줄인다고 해도 에어컨을 줄여도 여름에만 줄일 수 있으니 봄, 가을에 에어컨을 켜지도 않으니 줄일 수 없는 노릇이라는 말이다. 물론 이는 공장이나 빌딩에도 무관한 사항은 아니지만 기본적으로 계절과 무관한 공정이나 공용부하를 사용하기에 계절의 영향이 상대적으로 적다. 그래서 국민DR에서 수요반응자원의 특수성을 인정하여 자원별 의무감축용량을 월별로 신고하고 접수하도록 준비하고 있다.

[표 6-1] 국민DR 운영규칙 요약

구분	국민DR 운영규칙
의무감축용량	0.1MW 초과 ~ 20MW 이하
주요고객	소규모 전기소비자(계약전력 10kW 이하)
보상체계	감축정산금 ; 감축시간에 해당하는 기본정산금 + 실적정산금(SMP) 피크절감DR 등록용량 대비 초과감축시 최대 120% 인정하여 정산
자원등록	월별 단위 용량 등 신고 ; 전월 20일까지 의무감축용량, 참여고객 수, 참여고객별 전력량 측정기기 종류 등
신뢰성 검증	감축시험 1회/월 이상(피크감축DR과 동일조건)

구분	국민DR 운영규칙
피크감축DR 조건	준비시간 30분 지속시간 1시간(매시 정각, 15분, 30분, 45분 발령가능) 1일 2회(비연속) 가능
요금절감DR	평일 24시간 거래시간별 1MWh 이상 입찰 감축실적정산금(SMP) 보상
제재조치	70%미만 2회이상시 해당 월 거래제한 및 익월 등록제한
CBL	수요반응자원 단위 적용 Max(4/5)가 기본이며, 변경시 월별 CBL방식 사전공지
계량단위	AMI 또는 IoT기반 전력량 측정장치 활용가능 가정단위 측정

(출처 : 한국전력거래소)

그 외 대표적인 사항은 위 표와 같다. 기존의 상품인 표준DR이나 중소형DR은 CBL을 전기소비자 기준으로 산정하였다. 그러나 국민DR은 수요반응자원을 기준으로 한다. 계량포인트는 전기소비자이지만 CBL을 수요반응자원으로 하는 것은 특이하다. 전기소비자별 CBL이 너무 다양할 수 있기에 일정형태로 자원화하여 기준라인과 성과를 산정하기 위한 조치이다. RRMSE(전기소비형태 검증기준)는 우선 고려하지 않기로 했다. 이는 우리가 이미 배운 바와 같이 전기소비자의 패턴을 사전검증하는 것이며 중소형DR의 전기소비자도 고려하지 않는다.

의무용량은 중소형DR의 최소인 2MW보다 1/20 수준인 0.1MW이다. 전기소비자의 계약전력이 10kW이하이나 시범사업에서는 좀 더 확대해서 검증할 수도 있다. 참고로 일반가정의 계약전력은 3kW이다.

보상체계는 언제나 중요하다. 특징적인 것이 피크절감DR임에도 기본정산금이 없다는 것이다. 그러나 감축정산금에 기본정산금과 실적정산금을 녹여넣었다. 시범사업 지원금은 1,500원~1,700원/kWh로 계획하고 있다. 감축이 많지 않으면 기본지원금이 없기에 불리한 구조이다. 기존 프로그램과 비교한다면 60시간 감축요청이 있고 참여했다면 kWh당 감축정산금이 기본정산금과 실적정산금을 포함하면 800원 가량된다. 30시간 감축요청이 있고 제대로 참여했다면 국민DR 정산금인 1,600원 꼴이 되는 것이다. 만약 15시간 감축요청이 왔다면 기존 프로그램은 3,200원 수준이고 국민DR은 절반인 1,600원이다. 기본정산금 유무에 따른 전체정산금의 차이이다.

기존프로그램에서 수요반응자원의 단위에서 70% 미만 참여가 3회면 자원이 탈락되는 패널티가 있었다. 그 해에는 동일구성의 자원으로 참여가 안된다. 국민DR은 이를 좀 더 가혹하게 해서 신뢰성을 키우고자 2회로 낮추었다. 단 등록기준이 월별이기에 해당월 거래제한과 익월 등록제한의 패널티를 받게 된다.

2016년 5월부터 정부과제를 수행했고 그 결과를 바탕으로 2018년 6월부터 11월까지 시범 실증사업을 진행한다. 시범사업 운영결과와 제도적 보완 및 사업자 의견수렴을 거쳐 2019년부터 본 사업을 시행할 예정이다.

[표 6-2] 단계별 국민DR 확산 방안

단계별 국민 참여DR 확산 방안			
구분	1단계	2단계	3단계
목표	국민DR 시범사업	국민DR 시장도입	자동 수요반응 연계
대상	- AMI가 설치된 가구 - 구역전기 사업구역 내	- 전국민 대상	- 가전기기·전기차 등 분산형 전원
고려사항	- 최적 활용방안 - 적정 인센티브 수준 - 감축량 형가방식 개발	- AMI 확산사업 연계 - 계량관련 기준 개선	- 수요자원의 계통운영 보조서비스 참여허용 - 스마트가전 보급수준
연도	'16~	'18~	'20~

(출처 : 한국전력거래소)

07
에너지 빅데이터

1. 빅데이터로 본 에너지동네
2. 최적데이터와 빅데이터
3. 명탐정 셜록홈즈
4. 데이터, 거인의 어깨에 올라타라
5. 에너지프로슈머
6. 책을 덮으며

1. 빅데이터로 본 에너지동네

2011년 9월 개봉된 영화 '머니볼(Moneyball)'은 야구에서 데이터가 얼마나 중요한지 보여준다. 미국 프로야구 '오클랜드 애슬레틱스'의 단장 빌리 빈(브래드 피트)에게 있었던 실화를 기초로 한다. 애슬레틱스는 만년 꼴지팀이었다. 그런 팀이 미국 프로야구 140년 역사의 유일한 기록을 이룬다. 바로 2002년 8월 13일부터 9월 4일까지 20연승을 한 것이다. 상위권팀도 아닌 꼴찌팀이 어떻게 역사를 바꾸는 성과를 냈을까? 영화는 구단주 빌리 빈단장이 컴퓨팅 통계, 빅데이터 분석체계를 이용해 새로운 팀을 꾸리는 것으로부터 시작된다. 경제학을 전공한 천재 피터를 영입하면서 데이터라는 눈으로 선수들을 보았다. 우승을 하기 위해서야 거대 자본으로 좋은 선수들을 끌어모으면 된다. 그러나 빌리 빈은 예산의 한계를 데이터 최적화로 넘어섰다. 철저히 데이터를 기반으로 선수를 분석하고 발굴한다. 현재의 팀에서 시너지를 낼만한 선수를 찾아 제 자리에 위치시킨다. 오히려 수백만 달러의 유명선수이지만 현재의 팀에 적합하지 않는 선수를 내보낸다. 시장에서 저평가 되어 있는 선수이지만 지금 자기 팀에 가장 적합한 인재를 찾는다. 어떻게 해서든 1루에 살아나가는 출루율만 좋은 선수를 20만 달러에 구해온다. 물론 그들 중에는 다른 팀에서는 이런 저런 불화로 꺼리는 선수들도 많다. 빌리 빈이 선수들의 수많은 데이터를 기초로 분석하고 판단하는 장면을 보면서 수요관리사업자가 여러 형태의 공장과 건물을 조합하는 이상적인 수요관리사업의 모습이 그려졌다. 개별로 보면 자원의 가치가 일천하지만 전체의 그림을 생각할 때 꼭 필요한 자원이 되는 것이다. 다른 조합에서는 삐죽삐죽 튀어나와 모양새가 안 좋은 레고조각이지만 내가 그려가는 작품의 부분으로서는 반드시 필요한 조각이 될 수 있다.

마케팅이나 사회과학에서 빅데이터의 중요성은 크게 대두되었으며 그 효과도 입증이 되었다. 네이버 지식백과에 보면, 빅데이터란 기존 데이터에 비해 너무 방대해서 기존의 방법이나 도구로 수집/저장/분석 등이 어려운 정형 및 비정형의 데이터를 의미한다. 빅데이터의 특징으로는 크기(Volume), 속도(Velocity), 다양성(Variety)을 들 수 있다. 크기는 일반적으로 수십 테라바이트 혹은 수십 페타바이트 이상 규모의 데이터 속성을 의미한다. 속도는 대용량의 데이터를 빠르게 처리하고 분석할 수 있는 속성이다. 융복합 환경에서 디지털 데이터는 매우 빠른 속도로 생산되므로 이를 실시간으로 저장, 유통, 수집, 분석처리가 가능한 성능을 의미한다. 다양성은 다양한 종류의 데이터를 의미하며 정형화의 종류에 따라 정형, 반정형, 비정형 데이터로 분류할 수 있다. 구글의 수석 경제학자인 할 배리언(Hal Varian)의 말은 유명하다. "데이터를 얻는 능력, 즉 데이터를 이해하는 능력, 처리하는 능력, 가치를 뽑아내는 능력, 시각화하는 능력, 전달하는 능력이야말로 앞으로 10년간 엄청나게 중요한 능력이 될 것이다." 타겟이 소비자의 구매패턴을 분석하여 여고생의 임신사실을 알고 신생아 상품 쿠폰을 보냈다는 일화는 유명하다. 구글이 검색어의 데이터 분석으로 독감 이동경로를 추적하였는데 이후 실제경로를 확인해보니 큰 차이가 없다지 않은가?

에너지 빅데이터는 어떠한가? 에너지는 사회과학적 데이터보다 순수하다. 순수하다는 것은 경우의 수가 다양하거나 변수가 많아 복잡하지 않다는 것이다. 분석과 예측이 상대적으로 명료해진다. 그래서 복잡한 수준으로 접근하지 않아도 효과가 크다. AI, 딥러닝의 가치가 날로 상승한다. 이런 효과적인 툴로 에너지 데이터를 바라보면 어떨까? 따라올 수 없는 가성비를 보일 것이라 확신한다.

알파고가 바둑계를 평정한 후 여러 가지를 준비하고 있다. 그 중 대표적인 것이 에너지효율향상이라는 이야기가 있다. 구글의 데이터 센터의 항온항습기, 냉난방공조의 빅데이터를 수집하고 분석하고 학습하며 예측하므로 최적운영방안을 제시할 수 있었다고 한다. 이를 통해 에너지비용 40%의 절감효과를 냈다고 한다.

구글 데이터센터, 알파고 만든 딥마인드 AI로 냉각비용 40% 절감

구글이 컴퓨터 바둑 프로그램 '알파고'에 쓰인 자회사 딥마인드의 범용 인공지능(AI) 알고리즘을 이용해 데이터 센터 냉각에 드는 비용을 40% 절감했다고 영국 BBC 방송이 20일(현지시간) 전했다. BBC는 딥마인드 공동창립자 무스타파 술레이만의 말을 인용해 이렇게 전했다.

술레이만은 딥마인드 알고리즘을 기반으로 온도와 전력 데이터를 실시간으로 반영해 팬, 냉각 시스템, 창문 등 약 120개의 변수를 조정하는 적응형 시스템을 개발했다고 설명했다. 그는 이를 통해 데이터 센터의 전체 전력 소모를 15% 줄일 수 있었다고 주장했다. 그는 데이터 센터 운영에 따른 온실가스 배출이 상당히 많다며 "이를 줄일 수 있으면 세계 전체에 도움이 된다"고 설명하고 이런 전력 소모 절감 기술의 환경 영향이 상당히 클 것이라고 말했다.

데이터 센터 운영에 드는 전력 생산은 지구 전체 온실가스 배출량의 약 2%를 차지하는 것으로 추정된다. 구글은 이 시스템을 연말까지 세계 전체 구글 데이터 센터에 적용키로 했다. 딥마인드는 앞으로 6주 이내에 백서 형태로 이 시스템에 관한 정보를 상세히 공개할 예정이다.

술레이만은 "구글 밖의 제휴사들과도 똑같은 알고리즘을 쓰는 방안을 논의중"이라며 대규모 생산시설이나 국가 차원에서 구축된 에너지 그리드에도 이 기술이 적용될 수 있을 것으로 전망했다. 2014년 구글의 전력 사용 총량은 4.4 테라와트였다. 이는 미국 가정 36만 가구가 소비하는 전력과 맞먹는 수준이다. 이 중 많은 부분이 데이터센터의 냉각에 쓰인 것으로 추정된다.

2016.7.21. (샌프란시스코=연합뉴스).

건물의 데이터를 수집하고 관리하는 시스템을 BEMS(Building Energy Management System)이라고 한다. 이미 오래된 이야기며 에너지관리자들이 관심을 가지고 검토하였다. BEMS가 마치 에너지절감기기 인양 홍보되었고 국가지원의 많은 R&D가 진행되었다.

그러나 BEMS는 어디까지나 모니터링 기반의 보여주는 수단이다. 건물의 각 에너지 설비의 실시간 데이터를 통해 운전현황과 패턴을 보는 것이다. 우선은 잘 보아야 줄일 수 있다. 보는 만큼 줄인다는 말도 있지 않은가? 주부들이 가계부를 쓸 때 가계부 자체가 돈 나가는 것을 막아주지는 않는다. 그러나 세부 목록별 사용처를 보고 비용을 볼 때 어디를 얼마나 어떻게 줄여야 할지 방안이 나온다. 그렇게 해서 실행이 시작되고 비용이 줄어들기 시작하며 가계의 돈이 쌓인다. 그러나 가계부의 데이터를 잘 분석하고 판단하고 사용방법을 조정하는 능력은 주부의 경쟁력이다. 아무리 두껍고 질좋은 고급용지에 금빛 나는 파카 만년필로 작성했다고 해도 이를 보는 주부가 아무 생각이 없다면 의미 없는 가계부일 뿐이다.

BEMS를 볼 때 건물의 가계부로 보며 접근하기 시작해야 한다. 아무리 IoT, IoE기술로 실시간 데이터를 수집하고 쌓아 놓아도 이를 보고 분석하고 의미를 찾고 예측하고 실행에 옮기는 주체가 없다면 쓸데없는 일이다. 속도와 크기와 다양성의 빅데이터가 처치 곤란한 가비지 데이터가 되면 곤란하지 않은가?

2. 최적데이터와 빅데이터

아이가 '콜록콜록' 기침을 심하게 해서 병원에 갔다. 의사선생님은 눈을 보고 혀를 내밀어 보라고 한다. 웃옷을 올리게 하고 가슴과 등에 청진기를 대고 뭔가 집중하며 소리를 들으신다. 그리고 어제 뭘 먹었냐고 물어보시고 저녁에 몇 시에 잤는지도 물어보신다. 아이의 데이터를 수집하시느라 여념이 없으시다. 모든 데이터를 수집, 분석, 가공하신 후 말씀하신다. "감기네, 약 처방해 줄 테니 하루 세 번 먹고 찬바람 쐬지 말고 잠을 푹 자야 해요~."

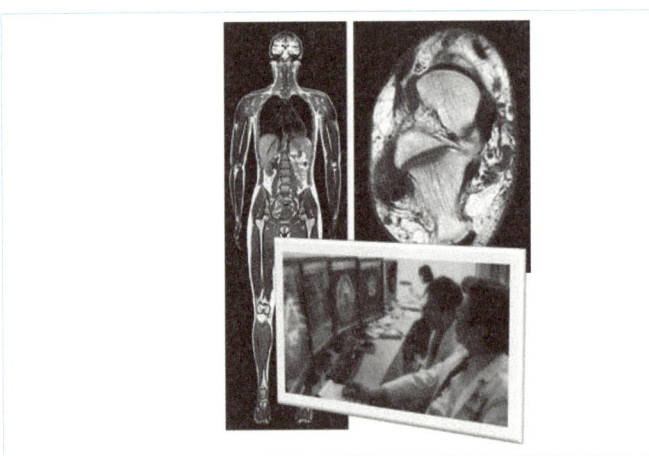

[그림7-1] MRI를 분석하는 의사들

감기환자가 왔다고 MRI를 찍자고 하는 의사는 없다. 온 몸에 센서를 박아서 수 만 가지 데이터를 취득하려고도 하지 않는다. 건물의 BEMS가 MRI의 역할을 한다는 것을 이해하는 것은 중요하다. MRI가 사람을 건강하게 해주지 않는다. 오히려 이상한 광선을 쐬게 해서 찝찝하기만 하다. 사람을 건강하게 해주는 것은 MRI를 통해 찍힌 사진을 제대로 파악하고 분석하고 방안을 제시할 수 있는 의사와 의사의 지침, 그리고 그대로 따르는 그것이다.

데이터보다 데이터를 만지고 다룰 수 있는 데이터 사이언티스트(Data Scientist)의 역할이 중요하다. 데이터 사이언티스트도 자신의 목적에 맞는 최적의 데이터를 원하고 그것을 얻으려고 한다. 또한 자기에게 맞는 최적의 데이터가 무엇인지도 안다. 의사도 전문가일수록 최소의 데이터로 환자의 상태를 알 수 있다. 눈빛의 데이터, 호흡의 데이터, 맥박의 데이터로 말이다. 옛날 명의들은 손목만 만져봐도 환자의 상태를 알고 처방전을 주었다고 하지 않은가? 최고의 명의들은 양반집 마님의 손목을 직접 만질 수 없으니 손목에 실을 감고 문밖에서 진맥을 해서 병을 알고 고쳤다고 한다. 그러다 많은 사람 죽기도 했을 것 같다. 어쨌건 전문가는 빅데이터가 굳이 필요 없다. 최적 데이터가 필요하다.

대통령선거나 국회의원선거, 지방선거철이 되면 빠지지 않는 것이 통계이다. 오차율 몇%에 당선가능성이 누구라고 예측한다. 각종 매체별로 갤럽조사를 통해 나름의 분석과 예측한 결과를 내놓는다. 예측의 백미는 출구조사이다. 투표하고 나온 사람들의 샘플을 조사하고 분석해서 당선자를 맞춰내는 것이다. 때마다 출구조사의 결과가 거의 일치하는 것을 보고 놀랄 때가 많다.

통계학에서는 전수조사보다 샘플조사를 더 과학적으로 본다고 한다. 물리적으로 전수조사가 불가능하기도 하고 오히려 데이터 오류가 발생할 소지가 많기 때문이다. 에너지 데이터도 전수조사보다 샘플조사,

더 나아가 최적 포인트 데이터 조사가 더 과학적이라고 생각한다. 예를 들어 건물의 모든 포인트에 센서를 달고 모니터링하고 있다. 그러나 일반적으로 키포인트 데이터만 정확히 알고 있으면 기타 연관된 곳의 데이터 추정은 꽤 정확하게 할 수 있다. 그런데 기타 연관된 곳의 데이터를 측정했는데 이상한 데이터가 나온다면 혼돈이 생긴다. 이게 맞는지? 저게 맞는지? 물론 이를 통해 포인트별 데이터를 상호 검증하든지 보완할 필요도 있지만 그게 그렇게 만만치 않다. 핵심 키포인트의 데이터만 잘 관리하고 1차 검증 및 추정을 하는 것이 효율적일 뿐만 아니라 과학적이다.

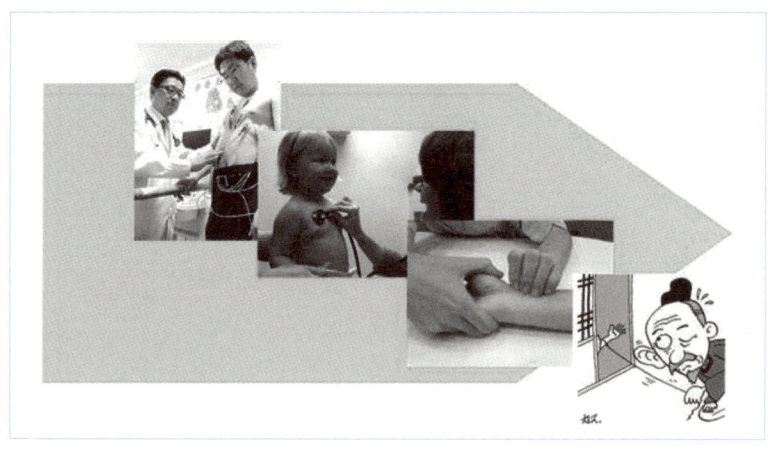

[그림7-2] 최적포인트를 수집하는 전문가

이는 명의가 손목에 실을 감아서 진맥하기까지는 아니더라도 건물 데이터를 분석하는 전문가 입장에서 짚어야 할 최소 키포인트를 확인하여 진단하는 남다른 경쟁력이다. 의사가 감기환자를 체크하듯이 건물을 본다. 건물을 밖에서 한번 훑어보고 업종을 확인하고 층별로 입주자 업무방식(사무직, 영업직, 출장이 잦은 직 등)체크한다. 주요 설비를 확인하고 월별 사용패턴을 본다. 계절별 패턴대비 하루 24시간 패턴을 본다. 전기요금 피크와 사용시간대별 분포를 보며 변압기 용량과 열병합발전기 및 비상발전기 용량과 결선방식을 확인한다. 그리고 진단결과 꼭 상세히 체크하고 싶은 설비의 최적 포인트에 최소한의 센서를 달아 실시간 데이터를 확보한다. 그 데이터를 보며 궁금증이 풀리고 어떻게 해야 할지 방향이 선다.

어떤가? "에너지절감을 위해 10억, 20억을 들여 BEMS를 설치하십시오."라는 말을 하는 사람과 다르지 않은가? 또 "그렇게 BEMS를 설치하면 얼마나 절약이 되나요?"라는 질문에 "해봐야 알죠."라고 대답하는 무책임함에서 벗어날 수 있지 않은가?

3. 명탐정 셜록홈즈

우리가 잘 아는 명탐정 셜록홈즈가 2009년 영화화 되었다. 영화 중에 데이터로 고민하던 제게 꽤 감동적인 장면이 있었다. 홈즈가 절친인 의사 왓슨과 또 곧 결혼할 여자친구와 저녁을 먹기로 되어있다. 홈즈는 우아한 음악이 흐르는 레스토랑에 먼저와서 기다리고 있다. 홈즈의 눈은 식당에 있는 많은 사람들의 표정과 동작을 예리하게 보며 데이터를 흡입하고 있다. 쫑긋 세운 날카로운 귀는 서로간의 이런저런 대화를 데이터로 받는 안테나였다. 그리고 머릿속에 축적된 데이터들이 화학작용을 일으키며 가공되어 홈즈의 뇌 속 플랫폼에 쌓여가고 있었다.

홈즈 머릿속의 '알파고'인지 '홈즈고'인지 빅데이터센터는 열심히 돌아가다가 갑자기 멈춘 것은 친구 왓슨이 그를 부르며 테이블에 앉으면서이다. 잠시 후 왓슨의 여자친구가 자리에 앉는다. 홈즈를 소개한다. 홈즈의 명성을 익히 알고 있는 여자친구는 자신이 어떤 사람인지 맞춰보라고 한다. 홈즈는 그래도 되냐고 하면서 그녀의 데이터를 눈으로 수집하기 시작한다. 홈즈의 플랫폼에 입력된 데이터는 바쁘게 움직이기 시작했고 예측 및 분석이 되어 결과물로 나왔다. 홈즈가 말한다. 직업은 가정교사이고 학생나이는 8살이다. 귀 밑의 남은 두 개의 인도산 파란색 잉크자국은 아이가 개구쟁이임을 알 수 있다. 목에 건 진주목걸이는 학생의 어머니가 미안해서 빌려준 것이다. 손가락의 반지자국은 약혼했다는 뜻이고 자국이 선명한 것은 뺀지 얼마되지 않았다는 것이다. 반지가 가짜라는 것을 알고 최근에 파혼해서 더 좋은 사람을 만나보려고 영국에 온 것이다. 그러면서 홈즈가 왓슨을 가리키는 듯 하며 '의사를 만난다거나'라고 말할 때 일이 벌어진다.

여인이 손에 들고 있던 포도주를 홈즈의 얼굴에 뿌린다. 그리고 말한다. "하나만 빼고 다 맞았어요. 그는 죽었어요." 돈 없는 사람이라 파혼한 것이 아니라 죽었기 때문이었다. 그녀에겐 슬픈 사연이 있었다. 홈즈가 꽤 정확한 분석능력을 보였지만 마지막에 봉변을 당한 것은 짧은 시간에 수집한 데이터의 한계와 이로 인한 분석오류 때문이다. 그에게 충분한 데이터와 시간이 보장되었다면 포도주 세례를 받지는 않았을 것이다.

데이터에서 의미를 찾지 않을 때 데이터는 숫자더미에 불과할 뿐이다. '구슬 서 말도 꿰어야 보배'라는 말이 있다. 아무리 대단한 데이터라도 펠 수 있는 분석능력이 더해질 때 빛을 발하는 보배가 된다. 또 나에게 중요한 의미가 된다.

다음의 그림은 어떤 건물의 최근 3~4년간 전력데이터와 가스데이터이다. 명탐정 셜록홈즈처럼 주어진 데이터에서 의미를 찾아보자. 이 건물에 대해 무엇을 알 수 있나?

우선 월별 전력사용량이 200,000~300,000[kWh]인 것을 보면 하루 월평균 300시간 사용량으로 보았을 때 계약전력이 약 600~700[kW] 정도로 볼 수 있다. 10층 미만의 되는 건물이다. 매년 사용량이 증가하는 것을 보니 신축건물이었는데 공실률이 채워지며 사용량이 증가함을 추정할 수 있다. 또는 매년 더워지는 여름과 추워지는 겨울을 겪고 있다는 생각도 든다. 여름에 전력사용량이 높고 겨울에 적은 것을 보면 전기냉방은 하지만 전기난방을 하기보다 LNG난방을 하고 있다. 최근 겨울철 전력사용이 전년도 여름 수준으로 급상승하며 동하계가 큰 차이가 없는 것을 볼 때 전기난방의 비중이 커졌음을 알 수 있다. 또한 여름철 LNG사용이 전년 겨울만큼 사용되고 있다. 겨울 전력량의 상승폭에 비해서 여름 전력량이 완만한 증가를 보임을 볼 때 전기냉방 외에 다른 냉방을 하고 있는 것이 아닐까? 3년째에 LNG연료인 흡수식 냉동기를 설치하여 가동하고 있다는 확신이 든다. LNG사용량으로 보일러나 흡수식 냉동기 정격용량을 추정할 수 있고, 봄가을 대비 여름철 부하를 볼 때 냉동기 용량도 추정이 가능하다. 냉동기관련 부하 외에는 봄가을이나 여름의 전력부하가 비슷하기 때문이다. 그 이외에 그래프를 보니 추가적인 몇 가지 데이터만 더 볼 수 있으면 꽤 많은 내용을 확인할 수 있다는 아쉬움도 생긴다. 또 분석 예측한 결과를 통해 어떻게 관리하면 에너지를 효율적으로 쓰고 절감하는 경제적 설비운영 방안도 떠오른다. 데이터가 의미를 주고 그 의미는 우리에게 개선방안과 비용절감을 챙겨주는 순간이다.

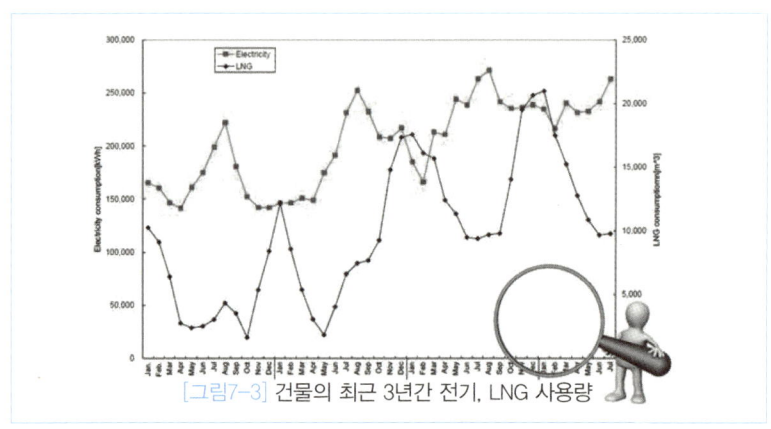

[그림7-3] 건물의 최근 3년간 전기, LNG 사용량

4. 데이터, 거인의 어깨에 올라타라

그러면 달인이 필요하지 빅데이터가 필요한 것은 아닌가? 적합한 데이터만 있고 셜록홈즈만 있으면 되는 것 아니겠는가? 그러나 그렇게 생각하지 않는다. 셜록홈즈가 실수한 대목을 조금더 들여다 볼 필요가 있다. 누군가 셜록홈즈가 현장에서 도저히 파악하지 못한 몇가지 여인의 보조적 데이터를 알려주었다면 어땠을까? 남편과 사별했다는 정보만 알았어도 홈즈의 추리는 날개를 달았을 것이다.

명의가 자신의 노하우로 최적 데이터로 진단을 할 수 있었다. 그러나 주어진 조건에서 최선을 다한 것이다. 그것이 공학적 사고방식이고 경제적인 것이다. 무한의 세상에서 이러한 공학적인 사고는 앞으로도 유효하다. 그러나 주어진 환경이 점점 넓어지고 있는 것도 사실이다. 빅데이터는 이를 분석하고 학습시켜줄 인공지능과 동역할 때 의미가 있다. 최종 분석과 의미파악은 로컬 전문가의 몫이다. 아무 생각이 없는 사람에게 빅데이터는 아무 도움이 될 수 없다. 빅데이터 자체가 어떤 일을 하지는 않는다. 최근 인공지능이 머신러닝, 딥러닝이라는 이름으로 빅데이터를 가지고 마술을 부린다. 컴퓨터가 스스로 데이터가 가진 크고 작은 의미를 찾아준다. 심지어 스스로 학습하며 그 의미를 승화시키며 가치화 한다.

마이클 J.켈브의 '거인의 어깨에 올라서라'는 책이 있다. 제아무리 세상에서 날고 긴다고 해도 그동안 전문가들이 쌓아온 영역을 무시할 때 깊이가 매우 떨어진다. 그러나 그동안 쌓여온 거인들의 결과물에 위에서 자신의 창의적 아이디어가 덧붙여질 때 그 폭발력은 놀랍다. 최근 빅데이터 기술, 머신러닝/딥러닝의 기술은 컴퓨터라는 거인의 어깨에 올라타면서 가능해졌다. 에너지달인은 다시 머신러닝/딥러닝이라는 거인의 어깨를 무시하지 말고 올라서야 한다. 그들의 어깨에 올라탈 때 그들이 할 수 있는 일은 수 십 배, 수 백 배, 아니 수 천 배가 된다.

빅데이터보다 최적데이터라고 했다. 에너지 달인으로서 최적 데이터가 필요하다. 내용도 없이 빅데이터만 쫓아가선 헛방이다. 그러나 로컬지식이 탄탄한 달인에게 빅데이터는 천군만마와 같다. 내 곁에 거인이 있고 그들의 어깨가 있는데 그냥 두고만 볼 것인가? 셜록홈즈가 오늘 날 이 땅에 살아서 온다면 머신러닝을 통한 에너지 빅데이터를 선물로 주고 싶다. 아마 오늘날 지능범들이 갈 곳을 잃지 않을까?

5. 에너지프로슈머

1980년 엘빈 토플러는 그의 저서 '제3의 물결'에서 21세기에는 산업사회의 가장 큰 특징 중 하나인 생산자와 소비자 간의 엄격한 구분이 사라질 것을 예견하며 "프로슈머(Prosumer)"라는 용어를 최초로 사용했다. 프로슈머는 생산자(Producer)와 소비자(Consumer)의 합성어이다. 수요자원거래시장에 참여하는 공장의 공무팀장께서 감격스러워 하셨던 기억이 있다. 우리도 세금계산서를 발행했다면서 돈을 벌었다는 말이다. 에너지를 소비하며 돈을 쓰기만 하던 부서에서 에너지를 생산해내며 직접적인 수익을 창출했다는 기쁨과 자부심이었다. 저도 덩달아 기분이 좋았다. 생산공정에 큰 지장을 주지 않으며 잠시 줄일 수 있는 전기를 수요자원거래시장에 팔아 수익을 낸 것이다.

한국전력에서 주택의 태양광 잉여분을 아파트 단지에 상계하는 방법으로 판매하는 "프로슈머 이웃간 전력거래" 실증사업을 진행했었다. 에너지 소비자가 생산자가 된 것이다. 잉여 생산량에 대해 아무 댓가도 받지 못하는 곳과 전기요금 누진단계가 넘어가므로 요금이 급증하는 곳 모두가 윈-윈할 수 있는 구조라는 점에서 반길만한 일이다. 공급관리의 한계를 절감하고 있는 시점에서 다양한 에너지 수요관리와 시장제도 도입을 통한 합리적이고 효율적인 공급-수요 균형을 이루는 것은 바람직할 뿐 아니라 그동안 정체되었던 스마트그리드에 날개를 다는 일이다.

그러나 일각에서는 프로슈머 시장의 수익모델에 대해 우려하는 목소리도 있다. '잉여전력이 많이 있느냐, 소비할 사람이 있냐, 지금의 전기요금으로 활발한 거래가 일어날 수 있겠느냐, 보여주기 정책의 일환으로 그치는 것이 아니냐.' 등이다.

에너지 프로슈머는 에너지를 소비하는 곳이면서 생산할 수 있는 주체이다. 그러나 판매할 수 있는 주체가 된다는 것과는 다른 이야기이다. 내가 생산한 것의 가치를 인정하고 적절한 가격을 지불할 소비자를 만나는 것은 컨설팅이고 세일즈이며 비즈니스이다. 특히 전기에너지는 실시간 변동성이 크다. 생산할 때 열심히 만들어서 충분히 쌓아두었다가 필요한 곳이 생기면 조금씩 팔 수 있는 것이 아니다. 지금 생산된 전기를 지금 가장 필요로 하는 소비자에게 팔아야 하는 것이다.

누가 그 일을 할 것인가? 프로슈머가 할 것인가? 소비자가 할 것인가? 에너지 프로슈머가 활성화되기 위해서는 중개사업자의 역할이 필수적이다. 중개사업자는 생산자인 각각의 프로슈머들의 전력 생산 패턴(자체소비를 고려하면서)을 모니터링, 분석, 예측할 수 있어야 한다. 동시에 전기소비자들의 소비패턴과 누진제 또는 시간대별 요금제 대응에 대한 실시간 시뮬레이션 그리고 적정 구매량, 적정 가격을 바로바로 판단할 수 있어야 한다.

중개사업자가 없는 프로슈머는 겉모습만 요란할 뿐 비즈니스가 없는 속 빈 강정이 되기 쉽다. 중개사업자는 단순한 브로커 개념이 아닌 에너지 컨설턴트요 전력 펀드매니저로서 잉여처와 필요처를 이어줄만한 전문성을 갖추어야 한다. 지식기반 사업이요 신산업의 개척자로서 공부를 해야 하고 자본과 인력을 투자해야 한다.

수요관리사업자는 이미 에너지 컨설턴트로서 첫발을 내딛은 개척자들이다. 이들이 수수료 경쟁 등 퇴보적 사업운영을 하기 보다 고객에게 새로운 가치와 서비스를 제공하는 전문회사로 한 단계 도약해야 한다. 기존 ESCO사업자, 신재생에너지 사업자, 태양광 대여사업자들도 장치산업의 전문성 기반에서 진일보한 서비스사업자로 거듭날 수 있다. 이러한 전문 중개사업자의 역량을 기초로 에너지 프로슈머 시장이 활성활 될 것을 기대한다.

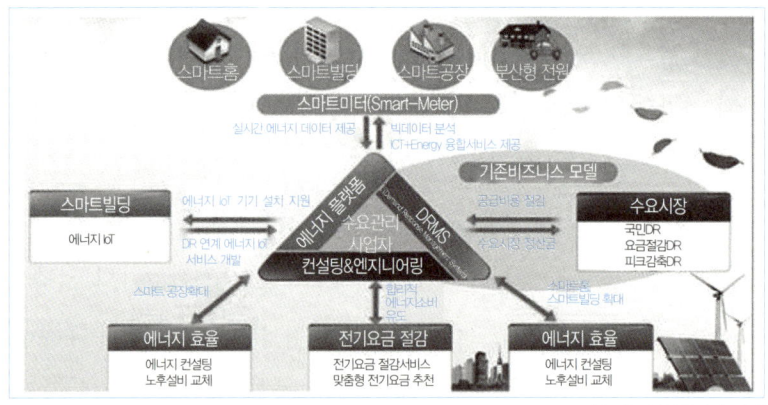

(출처 : 산업통상자원부)

[그림7-4] 에너지프로슈머와 컨설팅, 중개사업자 모델

한편으로 사업자가 미래를 기대하며 활발한 활동을 하려면 그럴만한 토양이 갖추어져야 한다. 중개사업자가 효율적이고 공정하게 활동할 수 있는 제도 보완과 규제 개선이 필요하다. 판매사업자인 한국전력이 에너지신산업과 우리나라 전력시장 전체를 생각하는 거시적 시야를 가지고 시장 활성화를 위해 지원해야 한다. 정부에서 에너지신산업의 토대를 갖추기 위해 부단한 노력을 하는 것으로 알고 있다. 이러

한 노력이 좋은 결실을 이루어지기를 누구나 바라고 있고 성공모델, 성공벤처가 나오는 것이 대표적인 결실일 것이다.

에너지 프로슈머, 사업자가 필요하다. 다양한 아이디어와 사업마인드가 있는 중소벤처 중개사업자들을 중심으로 정부와 한국전력이 하나의 목표를 가지고 에너지 프로슈머 시장을 만들어 가기를 기대한다.

6. 책을 덮으며

예전에 에너지관리자의 역할은 에너지원의 문제없는 공급이었다. 한마디로 변압기로부터 전력관련 설비를 문제없이 관리해서 전기가 꾸준히 공급되게 하면 되는 것이다. 그러나 이는 기본이다. 설비도 안정화되고 보호설비도 좋아지고 경험도 많이 생겨서 공급자의 원인만 아니라면 정전이 쉽게 발생하지 않는다.

최근에는 에너지설비의 효율적인 관리가 필수적인 일이 되었다. 고효율인버터를 적절하게 활용해서 전기요금을 줄이는 수용가가 늘었다. LED를 정부의 지원을 잘 받아서 교체하여 투자대비 경제성을 빠른 시간 내에 얻는다. 마른수건이라도 짜라는 경영진의 요구에 마른 전기설비를 짜고 짜서 비용절감을 많이 이루었다. 최근에 에너지 관리자들과 이야기해보면 할 수 있는 것은 다 해서 더 이상 할 게 없다며 새로운 것 있으면 달라고 한다. 이런저런 이야기를 해드리면 이미 다 알고 있다는 표정이다. 웬만큼 새로운 것이 아니면 대화조차도 꺼낼 수 없다. 그러다보니 UFO에서 내려온 우주인 수준의 신비로운 에너지절감의 상품들이 돌아다닌다. 말도 안되는 이야기를 듣고 부분적으로 적용해보다 뒤통수를 맞는 과정을 통해 에너지절감이나 에너지컨설팅은 사기꾼의 대명사로 전락해 버린다.

[그림7-5] 에너지관리자 Needs의 변화

계속 고효율기기가 R&D를 통해 개발되고 더욱 향상된 제품들이 보급되어 활성화되기를 바란다. 그러나 패러다임을 바꿀 때가 되었다. 이제는 효율적인 관리가 아니라 스마트한 관리이다. 자나 깨나 1kWh를 줄여보고자 애쓰는 것도 좋지만 부가가치가 큰 타이밍에 1kWh를 줄이자는 것이다. 최대부하시간대 요금은 계속 올라가고 다른 요금시간대와 격차는 커진다. 공급관리의 한계나 계통안정화의 요구 등으로 피크관리의 부가가치는 날로 커져간다. 똑같은 건물이 두 개가 나란히 있다. 열심히는 하지만 늘 하던 대로 관리하는 분이 있다. 여유롭게 일하시지만 스마트한 관리를 하시는 분이 있다. 전기요금은 계속 올라간다. 첫 번째 건물의 전기요금도 따라서 올라간다. 마른 수건을 짜느라 밤낮이 없다. 방법이 없다. 두 번째 건물의 전기요금은 상대적으로 적게 올라가거나 유지가 된다. 요금절감의 포인트를 알고 타이밍을 맞춰 관리하기 때문이다. 전기를 효과적으로 제어하여 돈을 벌기까지 한다. 자신의 건물 패턴에 최적화된 용량의 태양광과 소형 ESS를 설계해서 적용한다. 은행이 투자하고 원금 및 이자는 절감금액을 따라가지 못한다. 누가 경쟁력 있는 관리자가 될 것인가는 자명하다. 두 번째 건물 관리자는 에너지프로슈머다.

이제는 에너지데이터가 돈을 벌어주는 시대다. 다양한 요금제와 수요관리 프로그램 가운데서 프로슈머의 역할을 하려면 자신의 실시간 사용패턴을 보고 분석해야 한다. 적절한 요금제 활용방안을 찾아 돈을 벌든지 적절한 최소, 최적의 패턴조정으로 돈을 버는 것이다.

원가절감 1%는 어려워도 30%는 쉽다는 이야기가 있었다. 동일한 생각으로 쥐어짜듯이 하면 1%도 너무 힘들다. 그러나 아예 생각의 틀을 바꾸면 30%도 그냥 절감이 된다. 물구나무 서서 생각을 하고 세상을 볼 수밖에 없다. 그렇게 보면 물구나무 선 발전기도 보이고 그들의 데이터도 보인다. 에너지데이터는 점점 커지고 복잡해지고 제도도 다양해지니 에너지컨설턴트의 역할도 부각되고 있다. 정부는 EERS 공급자의무제를 시작하며 에너지컨설팅 및 실적검증(M&V) 등의 신시장이 열릴 것이라 한다. 새로운 패러다임이 내 옆에 와있다. 에너지프로슈머와 에너지컨설턴트가 우리나라의 물구나무 선 발전기를 계속 지어가기를 기대한다. 떳떳한 봉이 김선달이 계속 나와서 세계적인 에너지빅데이터 시대를 선도해가며 양쯔 강, 미시시피 강, 세느 강 물도 팔아먹는 날이 오기를 기대한다.